U0299647

古建筑工职业技能培训教材

古建筑传统石工

中国建筑业协会古建筑与园林施工分会　主编

中国建筑工业出版社

图书在版编目（CIP）数据

古建筑传统石工/中国建筑业协会古建筑与园林施工分会主编. —北京：中国建筑工业出版社，2019.7
（2023.8重印）
古建筑工职业技能培训教材
ISBN 978-7-112-23910-8

Ⅰ.①古… Ⅱ.①中… Ⅲ.①古建筑-石工-职业培训-教材 Ⅳ.①TU754.4

中国版本图书馆CIP数据核字（2019）第129959号

　　本教材是古建筑工职业技能培训教材之一。结合《古建筑工职业技能标准》的要求，对各职业技能等级的石工应知应会的内容进行了详细讲解，具有科学、规范、简明、实用的特点。
　　本教材主要内容包括：古建筑石作发展概述，古建筑石作图纸基本知识，古建筑常用石材与产地，古建筑石作常用工具、测量仪器与维护，古建筑石作灰浆调制，古建筑石材加工操作要点，石雕加工，古建筑石作工程，古建筑石材吊运安装，古建筑石作质量通病与防治，古建筑石作修缮，古建筑石作相关知识，古建筑石作工程的创新，古建筑石作安全基本知识。
　　本教材适用于石工职业技能培训，也可供相关职业院校实践教学使用。

　　责任编辑：葛又畅　李　明
　　责任校对：李欣慰

古建筑工职业技能培训教材
古建筑传统石工
中国建筑业协会古建筑与园林施工分会　主编

*

中国建筑工业出版社出版、发行（北京海淀三里河路9号）
各地新华书店、建筑书店经销
北京红光制版公司制版
建工社（河北）印刷有限公司印刷

*

开本：850×1168毫米　1/32　印张：6　字数：160千字
2019年8月第一版　2023年8月第二次印刷
定价：**28.00**元
ISBN 978-7-112-23910-8
（34197）

《古建筑工职业技能培训教材》
编委会成员名单

主 编 单 位：中国建筑业协会古建筑与园林施工分会

名 誉 主 任：王泽民

编委会主任：沈惠身

编委会副主任：刘大可　马炳坚　柯　凌

编委会委员（按姓氏笔画）：

马炳坚　毛国华　王树宝　刘大可

安大庆　张杭岭　周　益　范季玉

柯　凌　徐亚新　梁宝富

古建筑传统木工编写组长：冯留荣

编 写 人 员：马炳坚　冯留荣　田　璐　汤崇平

张振山　顾水根　唐盘根　惠　亮

吴创健

古建筑传统瓦工编写组长：叶素芬

编 写 人 员：王建中　叶素芬　叶　诚　余秋鹏

顾　军　盛鸿年　崔增奎　董根西

谢　婷　廖　辉　樊智强

古建筑传统石工编写组长：沈惠身

编 写 人 员：沈惠身　胡建中

古建筑传统油工编写组长：梁宝富

编 写 人 员：梁宝富　马　旺　代安庆　完庆建
　　　　　　　郑德鸿

古建筑传统彩画工编写组长：张峰亮

编 写 人 员：张峰亮　李燕肇　张莹雪

参 编 单 位：中外园林建设有限公司

　　　　　　　北京市园林古建工程有限公司

　　　　　　　上海市园林工程有限公司

　　　　　　　苏州园林发展股份有限公司

　　　　　　　扬州意匠轩园林古建筑营造股份
　　　　　　　有限公司

　　　　　　　杭州市园林工程有限公司

　　　　　　　山东省曲阜市园林古建筑工程有限
　　　　　　　公司

　　　　　　　北京房地集团有限公司

前　言

中国传统古建筑是中华民族悠久历史文化的结晶，千百年来成就辉煌，它高超的技艺、丰富的内涵和独特的风格，在世界民族之林独树一帜，在世界建筑史上占有重要地位。

在"建设美丽中国"、实现"中国梦"的今天，传统古建筑行业迎来了空前大好的发展机遇。无论是在古建文物修复、风景区和园林建设中，还是在城市建设、新农村建设中，传统古建筑这个古老的行业都将重放异彩、大有作为。在建设中书写"民族自信"、"文化自信"是我们传统古建筑行业的光荣职责。

传统古建筑行业有着数百万人规模的产业工人队伍，在国家发布的《职业大典》中，"传统古建筑工"被列为一个专门的职业，为加强传统古建筑工从业人员的队伍建设，促进从业人员素质的提高，推进古建筑工从业人员考核制度的实施，满足各有关机构开展培训的需求，遵照《古建筑工职业技能标准》的规定，特编写《古建筑工职业技能培训教材》。本套教材包括古建筑传统木工、古建筑传统瓦工、古建筑传统石工、古建筑传统油工、古建筑传统彩画工五个工种，同时也分别编入了木雕、砖雕、砖细、石雕、花街、匾额、灰塑等传统工艺的基本内容。

我国地域辽阔，古建筑流派众多，教材以明清官式建筑和江南古建筑为基础，尽量涵盖各流派、各地区古建筑风格。参阅引证统一以《营造法式》、《清工部工程做法》、《营造法原》等文献为主，其他地方流派建筑文献为辅。既体现了权威性，也为各地区流派留有余地，以利于培训中灵活操作。

本书注重理论联系实际，融科学和实操于一体，侧重应用技术。比较全面地介绍了古建筑传统石工应掌握的理论知识和工艺原理，同时系统阐述了古建筑传统石工的操作工艺流程、关键技术和疑难问题的解决方法。文字通俗易懂，语言简洁，满足各职业技能等级石工和其他读者的需要，方便参加培训人员尽快掌握基本技能，是极具实用性和针对性的培训教材。

本书由中国建筑业协会古建筑和园林施工分会组织古建施工企业一线工程技术人员编写。聘请我国著名古建专家刘大可先生、马炳坚先生具体指导和审稿。编写中还得到住建部人力资源开发中心的大力支持，在此一并感谢。

目　录

一、古建筑石作发展概述

中国地大物博，全国各地盛产石材。采用石材作为建筑材料已有上千年的历史，约3000多年前新石器时代晚期、青铜器时代早期就出现了巨石文化遗物——石棚。在辽宁南部的大连、营口、鞍山境内保存有多处国内最古老的地面石构建筑物（图1-1），据猜测这是古人拜神的祭祀建筑。位于辽宁海城市析木镇姑嫂石村南的山坡上。

图1-1 海城析木石棚

（一）商周秦汉时期

商周时期，发掘发现一些石刻制品，石材作为建筑材料现存实物不多。

秦始皇统一中国后，国力开始逐步增强，宫殿建筑开始建造，这个时期的宫殿主要是夯土高台建筑。西安咸阳宫、北戴河秦始皇行宫等地考古发掘发现，早期宫殿建筑是以大平卵石作为建筑柱础，埋在夯土柱坑内作为木构建筑的承载基础。人工石构件只有少量发现。

2014年辽宁经水下考察探索发现秦汉时期的姜女石遗址，该处应与秦始皇东巡碣石有关。水下发现东西长约60m，南北宽约60m的四边形疑似人工构筑基台，并且发现人为加工的水下"活石甬道"。活石的材质为花岗石，海中甬道可能是为迎接秦始皇东巡修的一条岸边到碣石用石块铺成的道路，海水落潮时就会显现出来。

图1-2 四川渠县汉阙代表——沈府君阙［约建于122～125年（东汉延光年间）］

到战国时期，建筑物的散水、柱础以及路面已采用加工平整的石板。我国的石建筑主要是在两汉，尤其是东汉得到了突飞猛进的发展（图1-2）。从目前遗留的石阙、墓碑、汉墓遗址等可以看到石材已广泛应用于建筑。

东汉时期贵族官宦们开始大量建造石墓，除石材建造的梁板式或拱券式的大型墓室外，还有在岩石上开凿的岩墓，如河北满城西汉中山靖王刘胜夫妇墓，是两座巨大的崖墓，墓穴最高空间达7.9m，进深达51.7m。建于东汉末年至三国间的山东沂南石墓（图1-3），用梁、板、柱构成，石面有精美的雕刻，是我国古代石墓中有代表性的一例。沂南画像石的雕刻大部分为浅浮雕兼阴线刻，但铲地薄而刀向不一，有的部位纯用阴线刻。在线面关系中更是强调了线条龙蜕蛇变的作用，刀法娴熟，线条畅达，纤巧流利，婉转自如，富有韵味，颇有行云流水之致，显示出石刻匠师高度娴熟的手工剔刻技巧。

图1-3　山东沂南石墓

（二）三国两晋南北朝时期

从东汉末年经三国、两晋到南北朝，这个时期战争不断，国家分裂。由于晋室南迁，中原人口大量涌入江南。江南战争破坏较少，东晋以后，南方经济文化迅速发展，而北方地区战争不断，经济破坏严重，直至北魏统一北方，才取得了政治稳定，经济得以恢复。由于这个时期佛教的传入，带来了印度、中亚一带的雕刻、绘画艺术，引起佛教建筑的发展，出现了众多的佛寺、高层佛塔，同时也促进了我国石窟建筑的产生与发展。

最早的石窟是新疆库车附近的克孜尔石窟（图1-4），其次是创于公元366年（秦苻坚建元二年）的甘肃敦煌的莫高窟。以后全国各地石窟相继出现，其中著名的有山西大同云冈石窟（图1-5）、河南洛阳龙门石窟、山西太原龙门山石窟等。

据《魏书》中记载，在北魏中期开凿的一些石窟里，就出现了石工模仿木结构凿刻的楼阁式石塔。

图 1-4　新疆克孜尔石窟

北魏天安二年（467 年）山西朔县崇福寺的石塔（图 1-6），塔高 2.5m，方形。该塔建于一个石雕台基上，共分 9 层。塔身自下而上逐层减低，刹的高度约占塔总高的 1/4。这种石塔对唐以后的楼阁式砖木塔的发展有一定的影响。

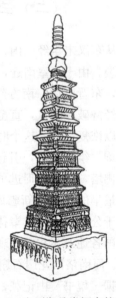

图 1-5　山西云冈石窟塔心柱　　图 1-6　山西朔县崇福寺的石塔

4

南北朝时期，石刻技术水平比汉代有了进一步的提高。南京郊区一批南朝陵墓的石避邪雕刻、墓表雕刻（图 1-7、图 1-8），造型凝练，简洁精美，细部纤巧，刀法劲力。

图 1-7　南朝陵墓石避邪

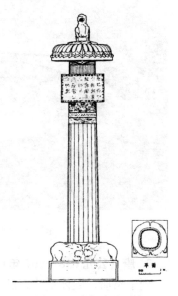

图 1-8　南朝陵墓石表

（三）隋唐五代时期

隋唐至宋时期是我国封建社会鼎盛时期，也是我国古代建筑的成熟时期。

1. 隋（公元 581～618 年）

隋代留下的最著名石作建筑物是李春主持建造的河北赵县安济桥（又名赵州桥）（图 1-9），它是世界上最早出现的敞肩拱桥。大拱由 28 道石券并列而成，跨度达 37m，石与石之间用燕尾铁榫连接。这种空腹拱桥可以减轻桥的重量，减少山洪对桥身的冲击力。在技术上、造型上，都达到了很高的水平，是我国古代石建筑的瑰宝。

图 1-9　河北赵州安济桥

2. 唐（公元 618~907 年）

到了隋唐，大体量建筑已不再像汉代那样依赖夯土高台外包小空间木建筑的办法来解决，而是用梁柱柱网结构解决了大跨度的建筑空间的需求。石作的建筑台基、柱础也开始有了定制，砖石建筑有了进一步发展，主要是佛塔采用砖石构筑者增多（图 1-10），唐代砖石塔有楼阁式、密檐式和单层塔。

3. 五代（公元 907~960 年）

南京栖霞寺舍利石塔（图 1-11），是五代时期的石作代表，它是一座八角形塔，高达 15m，是长江以南最古老的石塔之一。舍利塔用石质细腻的灰白石构成，仿木结构，外表装饰华丽。基座部分绕以栏杆，上面是覆莲须弥座和仰莲须弥座，座身索腰浮雕释迦牟尼成道八相图，下部塔身雕琢精细的力士金刚和 42 颗石钉的大门，上有 5 层的出檐，每层塔身雕有佛像，檐下斜面处还雕刻有飞天、乐天、供养人等。各檐仿木构瓦面，塔顶刹是六节宝相花和莲花纹。

图 1-10　山西五台山佛光寺大殿（唐大中十一年公元 857 年）

图 1-11　南京栖霞寺舍利塔（五代公元 937～975 年）

（四）宋辽金时期（公元 960～1279 年）

宋代对传统建筑进行了总结，形成了规范化建筑模数制度，如喻皓撰写的《木经》、李诫撰写的《营造法式》是当时建筑规范的总结。

宋代朝廷公布的《营造法式》中规定，把"材"作为造屋的标准。"材"分为八等，按屋宇的大小、主次确定用"材"的等级，一旦"材"确定后，其他建筑构件尺寸用料也就随之而定，这一标准一直延续到清代。建筑石作工程也遵循了这一标准，所有的尺寸权衡也与木作使用统一模数。《营造法原》对石作石刻也作了规定，包括石构件加工方法、石构件名称、各种石构件的尺寸权衡、石构件安装方法等都作了详细规定。

宋塔绝大多数是采用砖石塔，木塔已较少采用。大多数石塔是八角形的能登临远眺的楼阁式塔，塔身多为筒形结构，墙面及檐口多为仿木建筑形式，其中最高的是河北开元寺料敌塔，塔高80m以上。比较著名的石塔是福建泉州开元寺的两座石塔（图 1-12），塔高 40m 以上，石料仿木建筑形式。

图 1-12　福建泉州开元寺石塔

北宋时所建的福建洛阳桥（图1-13、图1-14）原名万安桥，位于福建省泉州东郊的洛阳江上，是我国现存最早的跨海梁式大石桥。桥全系花岗石砌筑，建桥时在江底随桥的中线铺满大石头，筑起一条20多米宽、1140m长的水下长堤。然后在石堤上用条石横直垒砌桥墩，成为现代桥梁工程中"筏形基础"的先驱。这种技术，直到19世纪，欧洲人才开始采用。为了使桥墩更为牢固，巧妙地利用繁殖"砺房"的方法，来连接胶固石块。这种用生物加固桥梁的方法，古今中外，绝无仅有。

图1-13　福建泉州洛阳桥（1）

图1-14　福建泉州洛阳桥（2）

这一时期园林兴盛。北宋皇帝宋徽宗采运江南名花奇石，建造园林，中国式造园理论随着山水画的发展也开始逐步形成。

辽金时期建筑基本融合了宋式建筑特点，更加趋于繁琐堆砌。

（五）元明清时期

元、明、清是中国封建社会晚期，政治、经济、文化发展处于迟缓阶段，建筑发展也是缓慢的。

1. 元代（公元 1206～1368 年）

元代统治者崇信宗教，这一时期佛教、道教、伊斯兰教、基督教等都有所发展，宗教建筑异常兴盛。特别是喇嘛教的寺院在元大都出现，北京现存的妙应寺白塔（图 1-15）就是重要例证。

图 1-15　北京妙应寺白塔

2. 明朝（公元 1368～1644 年）

明朝这一时期建筑也有了长足的进步，表现为：

砖石已成为普遍使用的建筑材料，石雕技术也已很娴熟。从南方遗留石雕作品以及明代帝王陵墓十三陵的石牌楼（图1-16）、神道两侧守兽都可以看出当时工匠技艺已十分娴熟。

图1-16　明代石牌楼

明代砌筑的长城，更是砖石建筑的代表。此时也出现了完全用砖石砌筑的建筑物，如南京灵谷寺的无梁殿、北京故宫的皇史宬。

官式建筑中石作已基本定型，如须弥座和栏干等石作，明代两百余年间很少变化。这种定型化有利于成批制造，加快施工进度，但也使建筑形象趋于单调。

3. 清代（公元1644～1911年）

清朝这一时期建筑大体沿袭明代传统，但也有所发展。

（1）园林发展到达了鼎盛时期。清代帝王苑囿规模之大，数量之多，建筑量之巨，是任何朝代所不能比的。清朝前期在北京扩建三海，在北京西郊大量建造皇家苑囿，从而也带动了石作工艺的发展，除普通建筑外，石作建筑、石作小品也大量出现，如颐和园的石舫就是石作的典型。

（2）喇嘛教建筑兴盛。清朝政府出于维持政权稳定的需要，需与藏蒙民族建立更加密切的联系，因此大力提倡喇嘛教，兴建了大批喇嘛教建筑，如顺治二年开始建造的西藏拉萨布达拉宫。各地的喇嘛庙建筑大都采用平屋顶与坡屋顶相结合的办法，也就是藏族建筑与汉族建筑相结合的形式。承德的外八庙、北京颐和园后山的须弥灵境都是这类建筑的典型（图 1-17），且大多是砖石结构。

图 1-17　颐和园后山的须弥灵境

　　（3）清朝官式建筑在明代形制化基础上，用官方规范的形式固定下来，雍正十二年颁行的《工部做法》一书，对石作做法和用工用料都作了规定。

二、古建筑石作图纸基本知识

（一）制图基本规定

为做到建筑工程图制图统一，简单清晰，满足设计、施工、存档等要求，以适应工程建筑需要，国家制定了全国统一的建筑工程制图标准，其中《房屋建筑制图统一标准》GB/T 50001—2017是建筑工程制图的基本规定，是各专业制图的通用部分，古建筑施工图也遵循这一标准。

1. 图纸幅面规格

图纸的幅面的基本尺寸规定有五种，分别为 A0、A1、A2、A3、A4。各号图纸幅面尺寸、图框形式及图框尺寸都有明确的规定，具体规定见表 2-1、图 2-1～图 2-3。

图框及图框尺寸　单位：mm　　　　　　表 2-1

尺寸代号	幅面代号				
	A0	A1	A2	A3	A4
$b \times l$	841×1189	594×841	420×594	297×420	210×297
c	10			5	
a	25				

图纸幅面尺寸相当于 $\sqrt{2}$ 系列，即 $l = \sqrt{2}\,cb$，l 为图纸长边长，b 为图纸短边长。A1 号图幅是 A0 号图幅的对开，其他图纸依此类推，如图 2-4 所示。

长边作为水平边使用的图幅称之为横式图幅，短边作为水平边使用的图幅称之为立式图幅。A0～A3 可横式或立式使用，A4 只能立式使用。

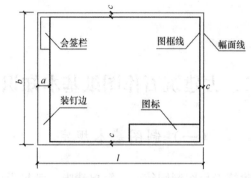

图 2-1 A0～A3 横式

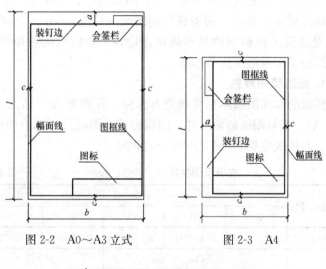

图 2-2 A0～A3 立式   图 2-3 A4

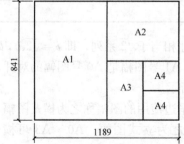

图 2-4 由 A0 图幅对裁其他图幅示意

14

在确定一项工程所用的图纸大小时，不宜多于两种图幅，大部分施工图以 A0 或 A1 图幅为主。目录及表格所用的 A4 图幅，可不受此限。

当需要时图纸幅面的长边可按表 2-2 加长，特殊情况下，还可以使用 $b \times l$ 为 841mm×892mm、1189mm×1261mm 的图幅。

图纸长边加长尺寸　单位：mm　　　表 2-2

幅面代号	长边尺寸	长边加长后尺寸					
A0	1189	1338 2230	1487 2387	1635	1784	1932	2081
A1	841	1051	1261	1472	1682	1892	2102
A2	594	743 1635	892 1784	1041 1932	1189 2081	1338	1487
A3	420	631 1892	841	1051	1261	1472	1682

每张图纸都应在图框的右下角设有标题栏（简称图标），其位置如图 2-1～图 2-3 所示。标题栏长边应为 180mm，短边尺寸宜为 40mm、30mm、50mm。图标应按图 2-5 分区。签字区有设计人、制图人、审批人、审核人、工种负责人等的签字，以便明确技术责任。

需要各相关工种负责人会签的图纸，还设有会签栏，如图 2-6 所示，其位置如图 2-5、图 2-6 所示。

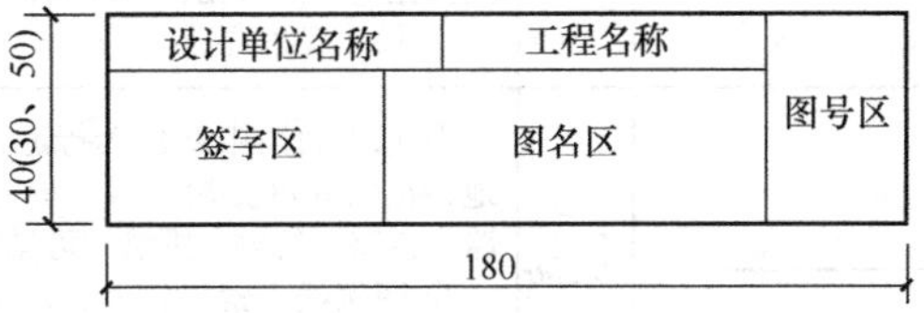

图 2-5　标题栏

图 2-6　会签栏

2. 图线

为了表达工程图样的不同内容，并使图中主次分明，必须采用不同的线型、不同的线宽来表示。

（1）线型

建筑工程图中的线型有实线、虚线、点划线、双点划线、折断线等，其中有些线型还分粗、中、细三种，各种线型的规定及其一般用途详见表 2-3。

线型和线宽　　　　　　　　　　　　　　　表 2-3

名称		线　型	宽度	用　途
实线	粗	———→ b	b	① 一般作主要可见轮廓线 ② 平面图、剖面图中主要构配件断面的轮廓线 ③ 建筑立面图中外轮廓线 ④ 详图中主要部分的断面轮廓线和外轮廓线 ⑤ 总平面图中新建建筑物的可见轮廓线
	中	———	$0.5b$	① 建筑平、立、剖面图中一般构配件的轮廓线 ② 平面图、剖面图中次要断面的轮廓线 ③ 总平面图中新建道路、桥涵、围墙等及其他设施的可见轮廓线和区域分界线 ④ 尺寸起止符号
	细	———	$0.25b$	① 总平面图中新建人行道、排水沟、草地、花坛等可见轮廓线，原有建筑物、铁路、道路、桥涵、围墙的可见轮廓线 ② 图例线、索引符号、尺寸线、尺寸界线、引出线、标高符号、较小图形的中心线

16

名称		线型	宽度	用途
虚线	粗		b	① 新建建筑物的不可见轮廓线 ② 结构图上不可见钢筋及螺栓线
	中		$0.5b$	① 一般不可见轮廓线 ② 建筑构造及建筑构配件不可见轮廓线 ③ 总平面图计划扩建的建筑物、铁路、道路、桥涵、围墙及其他设施的轮廓线 ④ 平面图中吊车轮廓线
	细		$0.25b$	① 总平面图上原有建筑物和道路、桥涵、围墙等设施的不可见轮廓线 ② 结构详图中不可见钢筋混凝土构件轮廓线 ③ 图例线
点画线	粗		b	① 吊车轨道线 ② 结构图中的支撑线
	中		$0.5b$	土方填挖区的零点线
	细		$0.25b$	分水线、中心线、对称线、定位轴线
双点画线	粗		b	预应力钢筋线
	细		$0.25b$	假想轮廓线、成型前原始轮廓线
折断线			$0.25b$	不需画全的断开界线
波浪线			$0.25b$	不需画全的断开界线

（2）线宽

按照《房屋建筑制图统一标准》GB/T 50001—2017 规定，线的宽度应从下列线宽系列中选用：0.18mm、0.25mm、0.35mm、0.5mm、0.7mm、1.0mm、1.4mm、2.0mm。每个图样应根据复杂程度和比例大小，先确定图样中所用的粗线的宽度 b，由此再确定中线宽度 $0.5b$，最后再确定出细线宽度 $0.25b$。粗中细线组成一组，称为线宽组，见表 2-4。图框线、标题栏线的宽度见表 2-5。

17

线宽组 表 2-4

线宽比	线宽组 （mm）					
b	2.0	1.4	1.0	0.7	0.5	0.35
$0.5b$	1.0	0.7	0.5	0.35	0.25	0.18
$0.25b$	0.5	0.35	0.25	0.18		

图框线、标题栏线的宽度 （单位：mm） 表 2-5

幅面代号	图框线	标题栏外框线	标题栏分格线、会签栏线
A0、A1	1.4	0.7	0.35
A2、A3、A4	1.0	0.7	0.35

注：1. 需要缩微的图纸不宜采用 0.18mm 线宽。

　　2. 在同一张图纸内，各不同线宽组中的细线，可统一采用较细线宽组的细线。

（3）比例

施工图纸通常是按实物与图形线性尺寸之比来绘制图纸。当比值大于 1 称之为放大比例，比值小于 1 则为缩小比例。如果图样上某尺寸线段长为 10mm，实际物体对应尺寸线段长也是 10mm 时，则比例等于 1∶1，写为 1∶1. 如果图样上某尺寸线段长为 10mm，而实际物体相应部位的尺寸长为 1000mm 时，则比例等于 1∶100，写为 1∶100。

绘图常用的比例见表 2-6。

常用比例 表 2-6

图　名	比　例
建筑物或构筑物的平面图、立面图、剖面图	1∶50；1∶100；1∶150；1∶200；1∶300
建筑物或构筑物的局部放大图	1∶10；1∶20；1∶25；1∶30；1∶50
配件及构造详图	1∶1；1∶2；1∶5；1∶10；1∶15；1∶20；1∶25；1∶30；1∶50

3. 尺寸标注

尺寸组成及基本规定见表 2-7 的规定。

尺寸组成及基本规定　　　　表 2-7

项目	图形示例	说　明
尺寸组成	尺寸起止符号　尺寸线　尺寸数字　尺寸界线 3000	图样上的尺寸由尺寸界线、尺寸线、尺寸起止符号、尺寸数字四要素组成
尺寸界线	≥2mm ≥2～3mm	尺寸界线用细实线绘制，一般应与被注长度垂直，其一端应离开图样轮廓线不小于 2mm，另一端宜超出尺寸线 2～3mm，必要时，图样轮廓线可用作尺寸界线
尺寸线	不对　　　　对	尺寸线用细实线绘制，应与被注长度平行，且不宜超出尺寸界线 任何图线均不得用作尺寸线
尺寸起止符号	尺寸界线　45° 尺寸界线　45°　1.3b 2～3mm　作为半径、直径、角度、弧长的尺寸起止符号的箭头　4b～5b	尺寸起止符号一般应用中粗斜短线绘制，其倾斜方向应与尺寸界线成顺时针 45°角，长度 2～3mm
尺寸数字	45°　21　21　21　21　21　21　21 (a)　　　14　14　(b)	① 图样上的尺寸，应以尺寸数字为准，不得从图中直接量取 ② 图样上的尺寸单位，除标高及总平面图以米为单位外，均必须以毫米为单位 ③ 尺寸数字的读数方向，应按图（a）的规定注写，若尺寸数字在 30°斜线区内，宜按图（b）的形式注写 ④ 图线不得穿过尺寸数字，不可避免时，应将尺寸数字处的图线断开

19

项目	图形示例	说　明
尺 寸 数 字	60　540　75　90　90　300　60 120　75　60	尺寸数字应根据其读数方向注写在靠近尺寸线的上方中部，如没有足够的注写位置，最外边的尺寸数字可注写在尺寸界线的外侧，中间相邻的尺寸数字可错开注写，也可引出注写

4. 剖面图标注

将剖面图中的剖切位置和投影方向在图样中加以说明，即剖面图的标注。

剖面图的标注是由剖切符号和编号组成。剖切符号应由剖切位置线和投射方向线组成。

剖切位置线，是剖切平面的积聚投影，它表示了剖切平面的剖切位置，剖切位置线用两段粗实线表示，长度宜为6～10mm。

剖视方向线，是画在剖切位置线外端且与剖切位置线垂直的两段粗实线，它表示了形体剖切后剩余部分的投影方向，其长度应短于剖切位置线，宜为4～6mm，见图2-7。

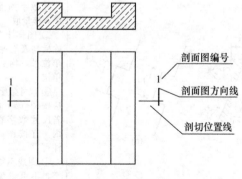

图 2-7　剖面图标注

20

（1）字体

图纸上有各种符号、字母代号、尺寸数字及文字说明。各种字体必须书写端正，排列整齐，标点符号要清楚正确。

图纸与说明的汉字宜采用长仿宋字。

（2）图例

建筑工程图中常用图例表示不同种类的建筑材料，以区分各材料层的做法，见表2-8。

常用建筑材料图例   表 2-8

名称	图例	备注	名称	图例	备注
自然土壤			混凝土		断面较小，不易画出图例线时，可涂黑
夯实土壤			钢筋混凝土		
砂、灰土		靠近轮廓线绘较密的点	木材		上为横断面，下为纵断面
砂砾石、碎砖三合土			泡沫塑料材料		
石材			金属		图形小时可涂黑
毛石			玻璃		
普通砖		断面较小、可涂红	防水材料		比例大时采用上面图例
饰面砖			粉刷		本图例采用较稀的点

（3）索引符号

施工图中，有时因比例问题而无法表达清楚某一局部，为方便施工需另画详图。一般用索引符号注明画出详图的位置、详图

21

的编号以及详图所在的图纸编号。索引符号和详图符号内的详图编号与图纸编号两者对应一致。

编号规定如下：

建筑制图中索引符号是由直径为 8～10mm 的圆和水平直径组成。所引出的详图，如与被索引的详图在同一张图纸内，在索引符号的上半圆中用阿拉伯数字注明该详图的编号，并在下半圆中间画一细实线，表示为本图几号详图，见图 2-8（a）。

索引出的详图，如与被索引的详图不在同一张图纸内，在索引符号的上半圆中用阿拉伯数字注明该详图的编号，在下半圆中用阿拉伯数字注明该详图所在图纸的编号，见图 2-8（b）。

索引图的详图如采用标准图，应在索引符号水平直径延长线上，加注该标准图册的编号，见图 2-8（c）。

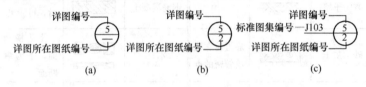

图 2-8　索引符号

（a）同一张图纸内；（b）不在同一张图纸内；（c）采用标准图

（二）投影法基本知识

1. 投影的概念

在日常生活中可以看到，当阳光照射物体时，会在墙面上或地面上产生影子。当光线照射的角度或距离改变时，影子的位置、形状也会随之改变。人们从这些自然现象中认识到光线、物体和影子之间的关系，总结、归纳、创造了投影法。

2. 投影分类

（1）中心投影

由一点放射的投射线所产生的投影称之为中心投影，见图 2-9（a）。

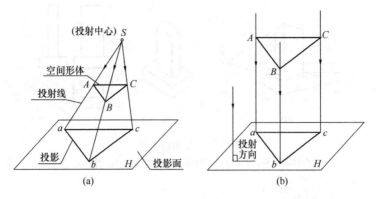

图 2-9 投影分类

(a) 中心投影；(b) 平行投影

(2) 平行投影

由互相平行的投射线所产生的投影称之为平行投影，见图 2-9 (b)。

3. 工程中常用的几种图示法

(1) 透视图

透视图与照相原理一致，应用中心投影法绘制，接近人的视觉，图形逼真，直观性强，一般用于建筑设计方案比较和宣传 [图 2-10 (a)]。

(2) 轴测图

应用平行投影法来绘制的轴测图，图形也具有立体感但不如透视图直观，工程图中一般作为辅助性图样。一些复杂的小型构件，如石斗栱、柱础等平、立、剖图难以表示清楚的构件，往往用轴测图补充表达 [图 2-10 (b)]。

(3) 正投影图

正投影图是应用相互垂直的多个投影面和正投影法来绘制，是一种多面投影。

正投影图通过各个正投影面来表示某形体的真实形状和尺寸，是施工图最常用的绘图方法 [图 2-10 (c)]。

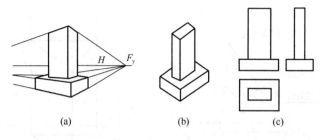

(a)　　　　　　　　(b)　　　　　　　　(c)

图 2-10　常用图示法

（a）组合体的透视图；（b）组合体的轴测图；（c）组合体的正投影图

（4）三面投影图

1）三投影面体系的建立

设空间有三个互相垂直的投影面，如图 2-11（a）所示：水平投影面用 H 表示，正立投影面用 V 表示，侧立投影面用 W 表示。三个投影面的交线 OX、OY、OZ 称之为投影轴，交点 O 称之为原点。

2）三面正投影图的形成

将物体放置在 H、V、W 三个投影面中间，按箭头所指方向分别向三个投影面作正投影，如图 2-11（b）所示。

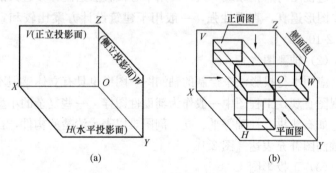

(a)　　　　　　　　(b)

图 2-11　三面投影图

（a）三投影的建立；（b）三投影图的形成

由上向下在 H 面上得到的投影称之为水平投影图，简称平面图。

由前向后在 V 面上得到的投影称之为正立投影图，简称立面图。

由左向右在 W 面上得到的投影称之为侧立投影图，简称侧面图。

3）三个投影面的展开

为了把空间三个投影面得到的投影图画在一个平面上，需要将三个相互垂直的投影面进行展开，如图 2-12（a）、（b）、（c）所示。

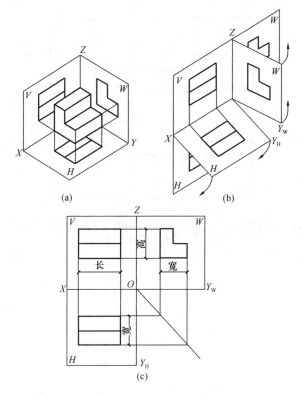

图 2-12　三面投影图的展开

（a）立体图；（b）V 面不动，H 面向下旋转，W 面向右旋转；

（c）三投影面展开图

4. 投影图中的三等关系

对于同一形体而言，三面正投影图中各个投影图之间是相互有联系的。正面投影图和水平投影图左右对正，长度相等；正面投影图和侧面投影上下对齐，高度相等；水平投影图与侧面投影图前后对应，宽度相等。这一投影规律称之为"三等"关系，即"长对正，高平齐，宽相等"。它反映了三面正投影图之间的投影规律，是画图、尺寸标注、识图应遵循的准则。见图 2-13。

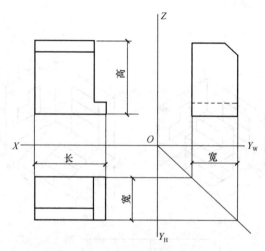

图 2-13 投影图中的三等关系

三、古建筑常用石材与产地

古建筑常用石材从性质上讲大多是花岗石和大理石，因其材质坚硬、耐风化而被广泛采用。在运输不发达的古代，除皇家建筑可以不惜财力全国采运外，其他地方古建筑大多是就地取材，南北方古建筑采用石材亦有不同。现今随着交通运输业的发展，不同地区地理距离已不是问题，同一名称石材可能来自不同产地，材质相近，因此在实际施工中不必过于拘泥产地、编号，以实际材质、颜色为使用准则。

（一）古建筑常用石材与产地

1. 汉白玉

汉白玉具有晶莹洁白的特点，材质细腻，质地较软，常用来制作雕刻类石构件，如石栏板望柱、吐水龙头、石狮、华表等，用于宫殿、佛教寺庙。房山大石窝为汉白玉主要产地，四川、湖南均有汉白玉出产。汉白玉主要成分是碳酸钙，因质感不同往往又细分为"水白"、"旱白"、"雪花白"和青白。汉白玉材质较软，耐风化强度较低，不及青白石耐久。

2. 青白石

青白石含义较广，同为青白石，颜色、纹路差异较大。青白石因色泽不同又分为：青石、白石、青石白碴、豆瓣绿、艾叶青等。

青白石是大理石的一种，颜色比汉白玉暗淡，石质较硬，质感细腻，不易风化。北京使用的主要是房山大石窝青白石，常用作古建筑阶沿、须弥座、踏跺、栏板望柱以及带有雕刻的石构件。四川、湖南、陕西均有青白石出产。青白石与汉白玉不同的是白色石质中常带有灰色纹路，使用中要注意挑选和避让。

3. 花岗石

花岗石在全国各地都有出产，种类繁多。因产地、色泽、质感的不同，有不同的名称，如南方称之为麻石、金山石和焦山石，北方称之为豆渣石和虎皮石。

花岗石质地坚硬，不易风化，适宜作古建筑的台基、阶沿、石墙、护岸、铺地等。由于质地较为粗糙，不适于作高级石雕品。

4. 青石

青石主要产自福建，也是花岗石一种。青石色泽青绿，质地细腻坚硬，抗风化。福建等南方地区常用作石雕、古建石柱、石墙、柱础等。

5. 砂石

砂石南北均有出产，质地细软，易于风化。北方多用青砂石，用于小式建筑。南方除青砂石外，还有黄砂石、红砂石。常用于石雕、花坛等装饰性构件，也有用于牌楼等独立建筑。

6. 蒙古黑

又名丰镇黑，主要产于内蒙古。颜色为黑色，雕凿未打磨显白色，质地坚硬细腻，打磨后呈黑色，多用于室内铺地。也有用于古建栏板柱础等处，山东、山西等地古建使用较多。

（二）《天然石材统一编号》
GB/T 17670—2008 简介

古建筑石材用材的分类是一个较为宽泛的概念，比如古建筑常用的花岗石就有多个种类，区分产地、品种较为困难。

2009 年 4 月 1 日国家实施的《天然石材统一编号》GB/T 17670—2008，收集了石材品种 907 种，其中国产石材 684 种，市场上常用的进口石材 223 种。标准规范了国产石材品种的中文名称、英文名称、统一编号和产地，国外产石材品种等。国产石材品种的中文名称是以产地和花纹色调特征进行命名，英文名称主要以音译或一些习惯的用法，进口石材则是以规范的英文名称和习惯的中文叫法。标准的制定对指定产品、确定石材产地有较大帮助。

下文简单介绍《天然石材统一编号》GB/T 17670—2008 的内容。

1. 石材编号的要求

按《中华人民共和国行政区划代码》GB/T 2260—2007 国家标准规定，统一编号采用四位数码编号，即将原三位数字编号改为四位数字编号。例如：北京"M101"改为"M1101"，山东的"G386"改为"G3786"等。

凡纳入《天然石材统一编号》GB/T 17670—2008 的石材品种命名，不冠"中国"字头。

花色品种好，物理性能、力学性能符合石材产品标准的技术要求，矿山具有一定储量，荒料大于 $1m^3$ 以上且年开采量在 $500m^3$ 的矿山可纳入标准。各省、自治区、直辖市编号，不允许把别省、自治区、直辖市的石材品种编入本省、自治区、直辖市。

对于尚未纳入本标准的石材品种，由各省、自治区、直辖市石材产品主管部门按本规定进行编号，待标准修订时纳入。

2. 石材编号的原则

天然石材统一编号由一个英文字母和四位数字两部分组成。大理石编号在字头前加"M"如"M1101"，花岗石编号在字头前加"G"如"G3786"，板石（叠层岩）编号在字头前加"S"如"S1115"。

花岗石（Granite）——"G"；

大理石（Marble）——"M"；

板石（Slate）——"S"。

四位数字：前两位数字为 GB/T 2260 规定的各省、自治区、直辖市行政区划代码，例如北京为"11"，山东为"37"，福建省为"35"等。后两位数字为各省、自治区、直辖市所编的石材品种序号。

例如北京房山大石窝的汉白玉编号为 M1101，福建泉州的花岗石为 G3503、G3506 等。

（三）石料的挑选方法和常见缺陷

1. 石料的常见缺陷

（1）裂纹、隐残、纹理不顺、污点、红白线、石瑕、石铁。带有裂缝和隐残的石料一般不可选用。若裂缝和隐残不甚明显，也可考虑用在某些不重要的部位。

（2）石铁是指在石面上出现局部发黑，或是局部发白，而石性极硬。带有石铁的石料不但外观不佳，而且不易磨光磨齐。选用带石铁的石料时，应尽量安排在不需要磨光的部位，尤其应避开棱角。

（3）一般来说，一座建筑的石活难免出现污点、白线等外观不佳的缺陷，应安排在不引人注目的位置。

（4）石瑕是指石料虽无裂缝和隐残，但仔细观察时，可发现石面上有不太明显的干裂纹。带有石瑕的石料容易由石瑕处折断，一般不易用作重要构件，尤其不可用作悬挑构件。同木材一样，石料也有纹理。纹理的走向可分为顺柳和横活。纹理的走向以顺柳最好，剪柳较易折，横活最易折断。剪柳石料和横活石料不宜用作中间悬空的受弯构件和悬挑构件，也不宜制作石雕制品。

2. 石料的挑选

在挑选石料时，应先将石料清洗干净，仔细观察有无上述缺陷，然后可用铁锤仔细敲打，如敲打之声哨哨作响，即为无裂缝隐残之石，如作叭啦之声，则表明石料有隐残。冬季不宜挑选石料，因为有时裂纹内会有结冰，这样就可能使有隐残的石料同样发出好石料的声音。冬季挑选石料时，应将石料表面的薄冰扫净，然后细心观察。石料的纹理如不太清楚时，可用磨头将石料的局部磨光。磨光的石料，纹理比较清晰。石纹的走向应符合构件的受力要求，如阶条、踏跺、压面等，石纹应为水平走向（卧渣）；柱子、角柱等，石纹应为垂直走向（立渣）。

四、古建筑石作常用工具、
测量仪器与维护

（一）传统手工工具

石工常用手工工具，见图 4-1。

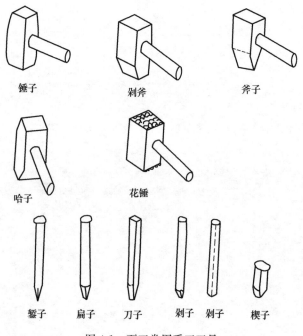

图 4-1　石工常用手工工具

1. 錾子

是打荒料和打糙的主要工具。普通錾子直径一般在 1cm
左右。

2. 扁子

又叫扁錾，主要用于石料齐边或雕刻时的扁光，宽度为1.5～2.5cm 的为大扁子，宽度为1～1.5cm 的为小扁子。

3. 锤子

分花锤、双面锤和两用锤等。花锤锤顶带有网格状尖棱，主要用于敲打不平的石料使其平整，或将石面打出荔枝面花纹。双面锤一面作花锤，一面作普通锤。两面锤一面作普通锤，一面可安刃子，因而作锤又作斧子用。

4. 剁斧

形状介于斧子与锤子之间，一端是锤，另一端像斧子的刃，只是没有斧子锋利，剁斧专门用于截断石料。

5. 剁子

是专门用于截取石料的錾子，早期的剁子下端一般为方柱体，后来有的将下端做成直角三角形。

6. 刀子

用于雕刻花纹，能雕刻直线也能雕刻曲线。

7. 哈子

是一种特殊的斧子，专门用于花岗石的表面处理。哈子的斧刃与斧柄相互垂直，上面的仓眼前低后高，这样的结构设计使剁出的石碴溅向外侧，不致伤人。

8. 楔子

主要用于劈开石料。

（二）石工常用电动工具

1. 手提切割机

主要用于切割石材，见图 4-2。切割片分为干式切割片和湿式切割片。干式切割片主要是风冷式，切割片上有风口，便于带走石粉和降低温度，使用比较简便。湿式切割片，在切割时必须加水冷却，切割较快，切口较细腻，见图 4-3。

图 4-2　手提切割机

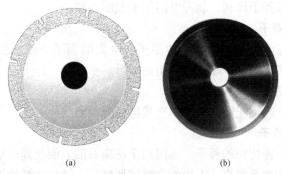

(a) (b)

图 4-3　切割片

（a）干式切割片；（b）湿式切割片

2. 手提角磨机

手提角磨机是石工使用最多的手工工具。使用灵活，安装不同的刀片，可切可磨，可以进行多角度切磨，见图 4-4。

图 4-4　手提角磨机

3. 冲击钻

主要用于较大的石材打孔，使用时特别要注意冲击钻振动容易造成石材破裂，见图4-5。

图4-5　冲击钻

4. 电磨机

主要用于刻字、石雕等，装上不同的磨头可以进行不同的工作，见图4-6。

图4-6　电磨机

电动工具使用时应注意防止漏电，同时电机上的碳刷是易损的消耗品，当磨损后应该及时更换。

（三）石工施工常用测量工具

古建筑石工施工测量工具除传统的墨斗、角尺、钢卷尺、皮尺外，还包括现代测量仪器，如红外水平仪，主要用于室内铺地、墙面水平线定位。

1. 红外线水平仪（图 4-7）

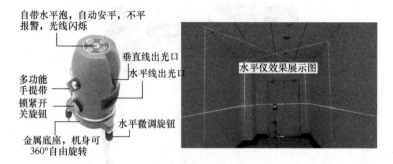

图 4-7　红外线水平仪及其效果图

2. 水平仪

水平仪主要用于室外大面积地面标高的测量，在大面积石材铺地中，主要用于控制抄平和坡水。水平仪在使用中应防止剧烈振动，并应定期到专门检测机构进行验证，见图 4-8。

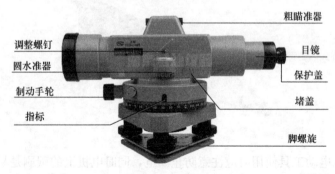

图 4-8　水平仪

3. 全站仪

全站仪是目前较先进的测量仪器。它具有水平仪、经纬仪的功能，采用电子测量、数据传输与电脑联网，具有较高的测量精度，较简便的测量绘图功能。主要用于大面积的平面标高测量和垂直测量，特别在大面积广场铺地控制高程、坡水中发挥重要作用，见图 4-9。

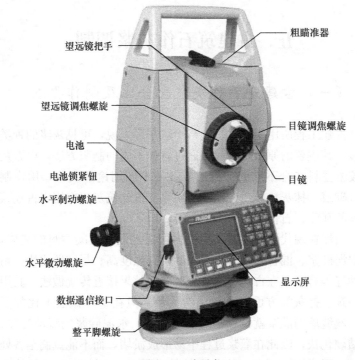

图 4-9　全站仪

五、古建筑石作灰浆调制

（一）古建筑石作灰浆配合比及制作要点

古建工程所用灰浆有"九浆十八灰"之说，可见灰浆的种类之多。其主要的原料是石灰，通过各种不同的制灰方法，以石灰为胶凝主料掺合不同的辅料形成各种不同用途的灰浆，用作制浆、砌筑、抹灰、墁地、勾缝等用途。古建筑灰浆应用于古建筑工程的瓦作、石作工程。

当然在现代仿古建筑工程中多用以水泥为胶凝主料的灰浆，如水泥砂浆、混合砂浆等。水泥砂浆有强度高、凝结硬化快、耐水性好等特点，在古建工程中只要外观效果接近传统做法，其用于砌筑、抹灰等方面有着很强的优势。但在某些做法上比如干摆、丝缝墙的灌浆就不如传统的白灰浆，水泥砂浆的流动性差、凝结硬化快，因此在灌浆过程中易形成淤堵，而不能流淌至各处空隙，形成空鼓现象，块料间粘结力就差，从而降低了整体强度。在文物保护修缮中，应按文保的要求规定，慎用水泥砂浆。

用于古建工程的常见石作灰浆及其配合比、制作要点详见表5-1。

石作工程灰浆配合比及制作要点　　　　　表 5-1

名称	主要用途	配合比及制作要点	说　明
麻刀灰	小式石活勾缝锁口，石墙砌筑	泼浆灰加水（或青浆）调匀后掺麻刀搅匀，灰：麻刀=100：（3～4）	
桃花浆	小式石活灌浆	白灰浆加好黏土浆，白灰：黏土=3：7或4：6（体积比）	

名称	主要用途	配合比及制作要点	说　明
生石灰浆	石活灌浆	生石灰加水搅成浆状	
桼桼浆	地面石活的铺垫坐浆	白灰浆或桃花浆中掺入碎砖，碎砖量为总量的40%～50%，碎砖长度不超过2～3cm	
掺灰泥	地方建筑石活砌筑	泼灰与黄土拌匀后加水调匀，灰：黄土＝3：7或4：6或5：5等（体积比）	土质以粉质黏土较好
细石掺灰泥	大式石活砌筑	掺灰泥内掺入适量细石末	
江米浆	重要建筑的石活灌浆	生石灰浆兑入江米浆和白矾水，灰：江米：白矾＝100：0.3：0.33	浆的稀稠程度根据不同的使用要求而定，在便于施工的前提下宜稠不宜稀。用于石砌体灌浆，生石灰不过淋
油灰	宫殿建筑柱顶等安装灌浆，台基、栏板等勾缝锁口	泼灰加面粉加桐油调匀，白灰：面粉：桐油＝1：1：1	铺垫用应较硬，勾缝用应较稀
舱缝油灰	防水石活舱缝	油灰加桐油，油灰：桐油＝0.7：1，如需舱麻，麻量为0.13	
麻刀油灰	假山叠石勾缝、石活防水勾缝	油灰内掺麻刀，用木棒砸匀，油灰：麻＝100：（3～5）	
血料灰	重要的桥梁、驳岸等水工建筑的砌筑	血料稀释后掺入灰浆中，灰：血料＝100：7	

名称	主要用途	配合比及制作要点	说　明
盐卤浆	大式石活安装中的铁件固定	盐卤兑水再加铁面，盐卤：水：铁面＝1：(5～6)：2	宜盛在陶制容器中
白矾水	小式石活铁件固定	白矾加水，应较稠	
石膏浆	宫殿石活灌浆前的勾缝锁口	生石膏粉加水，加适量桐油，发胀适时后即可使用	

注：江米浆又叫江米汁子，用江米（糯米）加水将米煮烂后，滤去米渣而成。

（二）古建筑灰浆的特点

中国古建筑灰浆具有以下四个特点：

（1）古建筑灰浆细腻剔滑，流动性及和易性较好，适于古建筑墙体外观要求较高的比如干摆、丝缝墙的砌筑灌浆，它们的砌筑灰缝都要求细小、均匀，一般灰缝最大不超过 2mm（老缝子做法除外），远比现代灰缝 8～10mm 要小得多。现代常用的水泥砂浆，由于其吸水性强、凝结硬化快，其流动性及和易性就显得比较差。因此在古建筑墙体中，如果没有较细腻的灰浆作胶结材料，墙体的砌筑将很难达到规定的质量和外观要求。

（2）古建筑灰浆凝结时间慢，干缩变化小，失水率低，流动性与和易性好，灰浆内部、灰浆与砖块之间饱满度高，相互结合紧密，墙体整体的强度较好。而水泥砂浆胶凝时间快，易失水干燥，如用于灌浆不流畅易淤堵造成空鼓，砌筑时如果养护不及时，水泥水化时缺水干燥易造成粘结力差、强度低、出现疏松，影响建筑砌体的整体强度。

（3）古建筑灰浆内的石灰浆，都是经过沉淀过滤后的细小颗粒，吸水后会发生膨胀，形成强大的内部挤压，减小了灰缝的空隙率，使本来比较小的灰缝填充更密实，保证了砌体灰浆的饱满度，使砌体的整体性更强。

（4）古建筑灰浆中所使用的原材料，大多是地方性材料，适宜就地取材，减少周转环节，材料价格便宜，因此，墙体的费用投资也相应减少。

六、古建筑石材加工操作要点

（一）石材加工各面的名称

石材原料加工时，石料的大面为"面"，两侧与"面"垂直且面积较大的面为"肋"，另外两个与"面"垂直的小面为"头"，不露明的底面为"底面"或"大底"。加工后，露明部分统称"看面"或"好面"，其中面积较大的一面为"大面"，面积小的为"小面"。若石料的"头"不露明为"空头"，若露明为"好头"，一头为好头者，整块石料也称为"好头石"。

石活安装时，若石料重叠砌筑，上、下石料之间的缝隙称"卧缝"，左、右石料之间的缝称"立缝"。同一平面上的石料，大面上头与头之间的缝隙为"头缝"，大面上的长边与石料或砖的接缝为"并缝"，小面上的接缝为"立缝"；若平卧铺砌的石料四周不露明如海墁地面，则"并缝"和"头缝"统称为"围缝"。

（二）加工步骤与技法

1. 加工步骤

（1）石料加工（传统方法）的加工步骤

确定荒料→打荒→弹扎线，打扎线→打大底→小面弹线，大面装线抄平→砍口、齐边→剁点或打道→扎线，打小面→截头→砸花锤→剁斧→刷细道或磨光。

（2）南方石料加工（传统做法）基本顺序

打荒成毛料石→按所需加工尺寸放线、弹线→筑方快口或板岩口→表面加工（可以分为平面加工、披势加工、曲面加工三种形式，面层加工前需放抄平线，依线加工，使加工面水平）→线脚加工（可以分为平线脚加工、圆线脚加工）。

其中表面加工依次包含：一步做糙（即一次錾凿），二步做糙（即二次錾凿），一遍剁斧，二遍剁斧，三遍剁斧，扁光或磨光。

上述程序不应是固定不变的，在实际操作中，某些工序常反复进行。石料表面要求不同时，某些工序也可不用。如表面要求砸花锤的石料，则不必剁斧和刷细道。

（3）现代石材加工已采取机械加工和手工工具相结合的方法，一般大型荒料的裁割多是采用大型电锯进行切割，石构件的精加工多采用手提切割机和角磨机进行加工，石柱础（鼓墩）多使用旋床进行加工，然后再进行磨光或雕刻。打磨工艺则使用角磨机加装不同粗细的磨轮达到不同的光洁度。而大面积石板磨光，则采用大型磨床，已很少采用人工手磨。

2. 石料加工操作要点

（1）打荒

将荒料用锤敲击一遍，检验石料有无隐残，再将荒料放稳，四角垫平。如石料单薄或呈长方形，为保护石料不受损折，应在两端适当处垫块放平（垫块位置，约在全长 1/6 处为适当）。

操作时，石工所坐的位置高度，应比石料上层（即操作部位）低 10cm 左右。打錾时，錾子相对于操作面（即石料的加工面）宜斜，锤宜稳准有力，握锤手应随锤力同时用劲，锤举高度应过目。握錾手的肘腕应悬起，不可放在膝盖或石料上。

（2）放扎线，弹扎线，打扎线

将荒料放稳后，先放扎线：按规定的准线尺寸以外 1～2cm，方角 90°，在石料的四周弹线，这些第一次所弹的线称为"扎线"（图 6-1）。

弹扎线时，需两个人配合。一个人拿墨斗，另一个人用左大拇指按线，按在石料的一边，按住不动。拿墨斗的人，同样把线按在石料的另一边扣住，并用手指把线捏起后释放一弹，石面上

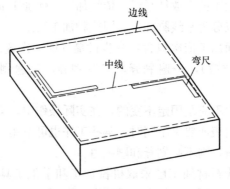

图 6-1　方形石料放线

就印上一道墨线。弹线时，鼻尖需对准捏线的手，以免弹斜。然后再用铁方尺的一边对齐第一条扎线，在方尺的另一边点上两个墨记。以墨记为标准，弹上一条墨线，与第一条墨线相交一点，从该点用尺量好长和宽的尺寸，然后再按上述方式继续弹好其他两边的扎线。

当石料规格较小时，也可一人弹扎线。左手持墨斗并紧住墨线，按压至料石左边弹线处，右手捏住栓墨线头的小棍，拉紧墨线压至料石右边弹线处后，用右脚代替右手踩住栓墨线的小棍，右手提墨线后释放，即在石面上弹出墨线。

打扎线就是把扎线和扎线以外的多余石料打去。打法分两步：第一步，右手拿锤子，左手拿錾子，把扎线及扎线以外的石料都磕掉。磕一面凿打一面，不可四角磕完，才用錾子凿打，以免磕短了石料，成了废料不能使用。磕的方法是从角上磕起，由身边往前磕。第二步，当第一边磕好后，右手拿锤子，左手拿錾子，左脚蹲在石块上，右脚踩地。左手握住錾子的中间，掌心向下，打锤时，锤子稍微斜一些，錾子尖向外反，向前向右打扎线，深度不超过5cm，打光一边再修錾。其余三边的打法同上。

（3）打大底

石活的底面（背面）称为大底，将大底上高出的部分打掉，将大底基本打平，其平整度以不影响安装为准。或者说，只要不影响安装，大底的许多部分都可以不平整，甚至只做简单的加工。

（4）装线抄平

新开采的石料，各面都有凸凹不平之处，有的也不一定是直角。因此，需用装线方法，检查一下这块荒料能否按照需要的规格和尺寸做出石构件。

装线的方法，是在石料看面上弹上对角线找出中心点，方形、长形、圆形一般找一个中心点即可；不规则的异形石料应找两个或三个中心点（图6-2～图6-4）。以方形石料为例：首先在大面的看面上，弹上十字对角线，两对角线相交点为中心点，两条对角线，即1点到3点和2点到4点，随即在石料相邻两侧面的垂直面上任意各弹上一条水平墨线（即齐线），这时在石料相邻的两个垂直面的三个转角垂线上与水平墨线相交成三个点，而

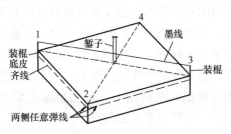

图6-2　方形石料装线

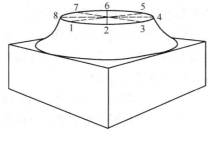

图6-3　圆形石料装线

45

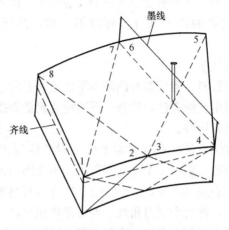

图 6-4 拱石装线

依三点成一面的原理，只要找到剩余转角上同水平面的一点，就能弹出这块石料的水平墨线。通过装线使得石料上需弹线找平的平面水平提升，由处于同一平面的 2 点和中心点延长至 4 点（即剩余转角上水平点的提升），降下提升的高度后即可得剩余转角的一个水平点。由此按对角线的长度截一根墨线，把两根相同长度的装棍分别拴在墨线的两端，一人把装棍下端对准 1 点的齐线，另一人把装棍下端对准 3 点的齐线，把线张紧，一人把粗錾子垂直立于对角线的中心，这样即把墨线的墨色印在錾子上，錾子原地不动，按镜像原理，一人再把装棍移到 2 点下端对准齐线，另一人把装棍移到 4 点，把线张紧对准錾子上的水平墨印后，这时 4 点装棍的下端就为同一平面的第四个水平点，贴装棍的下端在干石料角上划上签印，然后把各点弹线连接起来，即为石料看面水平线，即完成了装线工作。

然后用劈斧按线劈平，再用錾子齐边，四角找平。每边要齐边 7cm，按平线齐完后，先用平尺板踏平，合格后，就以此作为大面平度标准。

用錾子刺点，先由一端开始，按两边取平。如石料较大，方正面先由两面当中刺出一条十字形标准线，其他部位均依此法刺平。这步工序做完后，用平尺板靠测一次。如高低相差不大时，可用花锤砸打。

（5）砸花锤

一般应双手抱锤，用腕随锤击石料的弹力随劲起动。锤举高度应与胸齐，手锤落在石料上要有力，不得翘楞。

（6）剁斧

在平面花锤的基础上，开始剁斧工作。剁斧的操作姿式与砸花锤相同，斧要平放直落石面上。拿握哈达姿式也与砸花锤相同，但在哈达下落时，不应垂直下落于石面上，稍向前推为宜。剁斧时，应直坐于料石旁，上身要正。头稍偏，看准斧印，按次序自上而下操作。

在做完砸花锤的石料上，重新斟一次平线（斟线即重新再校准平线）。用快斧顺线剁细，找平四边，用平尺板靠平，达到标准后，再顺线向里按次序剁平大面。

1）一遍斧：可按规律一次直剁。

2）二遍斧：第一遍要斜剁，第二遍要直剁。

3）三遍斧：第一遍应向左斜剁，剁至不显露花锤印为止；第二遍要向右斜剁，剁至不显露第一遍斧印为止；第三遍要直剁，剁至不显露第二遍斧印为合格。

（7）打道（刷道）

石料打道按道的细密程度不同，所要求的加工基础也不同。要求"一寸三"的，可在砸花锤后进行，要求"一寸五"或更细密的，应安排在剁斧（或扁光）后进行。要求"一寸五"，可只剁斧一遍，即相对于要打道的方向，斜向剁斧一次。要求"一寸七"的，应在两遍剁斧的基础上进行，同理这两遍剁斧都应相对斜向剁，不应直剁。要求"一寸九"或更细密的，应在三遍剁斧的基础上进行，同样这三遍剁斧也都应相对斜向剁，不应直剁。

为了保证线道顺直匀密，可先弹线后刷道。刷道操作时，錾子要四指紧握，大拇指向上翘起，压住錾顶上部，掌心向下，在锤击錾顶时，尽量使錾平刺，錾尖向上反飘，以避免石面受力过重而出现錾影。

（8）磨光

有面层磨光要求的石料，在打荒操作前，除先检查有无隐残外，还应注意有无"石瑕"和"石铁"。石瑕是指在石面上有不甚明显的干裂纹，易由此处折断。石铁是在石面上显现有局部发黑或有黑线。此外，还有"白色"的石铁。这些石瑕、石铁的存在，不但影响美观，而且它们的石性特别硬，不易磨光。如恰在棱角上，更不易磨齐。

石面磨光过程中，不可砸花锤，以免磨光后显露印影。"印影"是在錾凿操作时，由于扶錾垂直，石面局部受力过重，以致造成印痕（白点）无法去掉。为了避免出现上述缺点，在荒料找平时，禁止用錾刺点，必须用细錾找平，再细剁三遍斧。用金刚石打磨，先糙磨一遍，再细磨一遍，最后用细石磨光。打磨时，各部位摩擦要均衡，不能只在一个部位进行打磨，磨的时间过长或过短都会造成不平现象。要随时用平尺靠测，检测有无不平处，力求磨平。磨棱角时，要小心轻磨以防磨坏边棱，顺边磨时可前后推拉，转角时，必须由外边向里推磨，避免将棱角拉掉。达到规格要求后，用清水将石面冲洗干净。待石面干燥后，再进行擦酸打蜡。擦草酸时，要用干棉布蘸酸在石面上涂蹭。将蜡化开后与松香水搅匀，放晾后，再用棉布蘸蜡擦磨。打蜡要均匀一致，直到光亮为止。

3. 南方石料加工方法与要求

（1）打荒：将采石场中开采出来的石料用铁锤和铁錾打去棱角高低不平直处，凿去石料表面凸起部分，料石打剥程度要基本达到均匀一致。加工成荒料石的过程即为打荒，也就是《营造法原》里所称的"双细"。

（2）一步做糙（即一次錾凿）：对荒料石做粗加工，先将荒料石按设计所需尺寸以外 1～2cm 划加工线，然后用锤和錾将加工线以外的部分打剥，石料表面粗略通打一遍，并使凿痕深浅齐匀。加工后，荒料石按所需规格尺寸初具轮廓成为毛坯，这也就是《营造法原》里所称的"出潭双细"。

（3）二步做糙（即二次錾凿）：在一步做糙的基础上，用锤和錾对毛坯石表面做密布凿打的细加工。经过细凿，使石料表面的凿痕变浅，凹凸深浅均匀一致。即《营造法原》所称的"市双细"。

（4）一遍剁斧：在二步做糙的基础上，用剁斧砍剁石料表面。剁斧后，石料表面渐趋平整、无明显凹凸凿痕，斧痕间的间隙应小于 3mm，表面凹凸小于 4mm。此为《营造法原》中的"錾细"。

（5）二遍剁斧：在一遍剁斧的基础上再做细剁，使石料表面更趋平整。斧痕间隙小于 1mm，表面凹凸小于 3mm。

（6）三遍剁斧：在二遍剁斧的基础上做精细錾斧，精錾后，石料表面完全平整。斧痕间隙小于 0.5mm，表面凹凸小于 2mm。此为《营造法原》中的"督细"。

（7）扁光或磨光

1）扁光：用铁锤和扁錾将石料表面打平剔光。经扁光后，石料应表面平整光顺，没有斧迹凿痕。

2）磨光：在三遍剁斧基础上，用砂石加水磨去石料表面的剁纹。磨光后，石料表面应平整光滑。

（三）构件成型标准

1. 原材料

（1）毛石、料石、条石的材质必须符合设计要求，石砌体所用的石材应质地坚实，无风化剥落和裂缝，其强度等级应符合设计要求。用于清水墙、柱、台基的石材和石细色泽应均匀。用于重要建筑的主要部位时，石料外观应无明显缺陷。

（2）石料加工前应对石料仔细观察和敲击鉴定，不得使用有裂纹和隐残的石料。石料纹理走向应符合构件的受力需要。对于石材表面的泥污、水锈等杂质，在安装前应清洗干净。

2. 石料表面加工

（1）表面砸花锤的石料，不应露錾印，应无漏砸之处。砸花锤后，平整度要用平直尺按照十字线靠平，凹凸程度以不超过 4mm 为合格。

（2）表面剁斧的石料，斧印应直顺、均匀、深浅一致、无錾点，刮边宽度一致。其中按剁斧遍数的不同，标准要求各不相同，具体如下：

1）一遍剁斧：斧印要均匀，不得显露錾印、花锤印，表面平整度用平直尺靠测，凹凸程度不得超过 4mm。

2）二遍剁斧：更进一步要求斧印均衡、直顺，深浅一致，表面平整度凹凸不得超过 3mm。

3）三遍剁斧：比一、二遍的平直度更好些，表面平整度凹凸不得超过 2mm。

二、三遍斧之规格，应在施工前先做好样板，经有关人员鉴定认为合格后，即作为验活标准。

（3）表面打道的石料，打道应直顺、均匀，不得有弯曲现象。深度相同，无明显乱道、断道等现象，刮边宽度应一致。采用糙道做法的，每 10cm 不得少于 10 道；采用细道做法的，每 10cm 不得少于 25 道。

（4）表面磨光的石料，应平滑光亮，无麻面，无砂沟，无斧印和錾点。

（5）表面雕刻的石料，图案内容形式应符合设计要求，比例恰当，形象美观，造型准确，线条清晰流畅，根底清楚。空当处无明显扁子印或錾痕。若雕刻地子采用錾点手法处理，则錾点点坑大小一致、分布均匀细密。

3. 料石砌体

（1）料石砌体可分为细料石、半细料石、粗料石和毛料石。料石各面的加工要求应符合表 6-1 的规定。

（2）除条石外，各种砌筑用的料石宽度、厚度均不宜小于 20cm，长度不宜大于厚度的 4 倍。

料石面的加工要求　　　　　表 6-1

序号	料石种类	外露面及相接周边的表面凹入深度	叠砌面和接砌面的表面凹入深度
1	细料石	≤2mm	≤10mm
2	半细料石	≤8mm	≤15mm
3	粗料石	≤10mm	≤20mm
4	毛料石	稍加修整	≤25mm

注：摘自《古建筑修建工程施工与质量验收规范》JGJ 159—2008。当设计有特殊要求时，应按设计加工。

4. 细石料和半细石料表面加工

（1）应无裂纹和缺棱掉角，表面应平整整洁。

（2）斧印宜均匀，深浅宜一致，刮边和勒口宽度宜一致。

（3）石梁、柱、枋、川等节点的做法应做到位置正确、大小合适、节点严密、灌浆饱满、安装牢固。

（4）表面起线、打亚面、起浑面应做到线条流畅，造型正确，边角整齐圆满。

（5）料石加工的允许偏差和检验方法应符合表 6-2 的规定。

料石加工的允许偏差和检验方法　　　　　表 6-2

序号	料石种类	允许偏差（mm）		检查方法
		宽度厚度	长度	
1	细料石、半细料石	±2	±3	尺量检查
2	粗料石	±5	±7	尺量检查
3	毛料石	±10	±15	尺量检查

5. 制作安装

古建筑和仿古建筑中的磉石、石鼓墩（柱顶石、柱础）、阶沿石、侧石、踏步、垂带、石栏杆、石柱、抱鼓石、石门窗等的制作安装应符合下列规定：

（1）材料的品种、规格、质量、色泽必须符合设计要求。

（2）加工应采用石细料的加工方法，进行1～2遍剁斧，斧痕应均匀清晰，表面应平整，无缺棱掉角，表面应无裂纹，尺寸应符合设计要求，棱角应方整平直，线条应流畅，榫卯结构应合理、严密。

七、石 雕 加 工

（一）石雕基本知识

石雕就是在石活的表面上用平雕、浮雕或透雕的手法雕刻出各种花饰图案，通称"剔凿花活"。古建石作中，剔凿花活是一项很精致的传统技术，常见于须弥座、石栏杆、券脸石、什锦窗、吸水兽面、水沟盖、门鼓石、抱鼓石、柱顶石、夹杆石、御路踏跺等。独立的石雕制品有：石狮子、华表、陵寝中的石像生、石碑、石牌楼、石影壁、陈设座、焚帛炉等。

1. 石雕的一般分类

一般分为"平活"、"凿活"、"透活"和"圆身"。在雕刻手法中，用凹线表现图案花纹的通称为"阴的"（或"阴活"），而用凸线表现图案花纹的通称为"阳的"（或"阳活"）。

（1）平活（平雕）

它既包括阴纹雕刻，又包括那些"地儿"略低"活儿"即虽略凸起但表面无凹凸变化的"阳活"。所以平活既可以是阴活，也可以是阳活。

（2）凿活（浮雕）

属于阳活的范畴。它可以进一步分为"撤阳"、"浅活"和"深活"。"撤阳"是指"地儿"并没有真正"落"下去，而只是沿着"活儿"的边缘微微撤下，使"活儿"具有凸起的视觉效果，"活儿"的表面可凿出一定的凹凸起伏变化。"浅活"即浅浮雕。"深活"即深浮雕。它们都是"活儿"高于"地儿"，即花纹凸起的一类凿活。

（3）透活（透雕）

是比凿活更真实、立体感更强的具有空透效果的一类。透活如仅施用于凿活的局部（一般为"深活"的局部），则成为一种手法，这种手法称为"过真"。如把龙的犄角或龙须掏挖成空透的，甚至完全真实的样子，但整件作品的类别仍然属于凿活。

（4）圆身（立体雕刻）

可以从前后左右各个角度都能观赏到。

上述几种类别之间没有严格的界限，在同一构件的雕刻中，往往会几种或全部同时出现。

2. 南方石雕的加工类别

（1）线刻（素平）

是将纹样在石面上雕刻成凹线，多用于人物像和山水风景线描。雕刻前，石面应先剁斧三遍，然后用砂石沾水磨去斧痕做磨光处理。

（2）平浮雕（减地平钑）

即把除雕刻花纹以外的底子均匀凿低一层，使雕刻的纹样凸起石面，纹样顶面为平面。石面面层应同线刻一样做磨光处理。

（3）浅浮雕（压地隐起）

即沿着雕刻花纹的四周斜着凿去一圈，所雕花纹并不凸出石面（或与石面平齐），花纹雕刻有深有浅，雕刻面有起伏，有立体感。雕刻前，石面应做二遍剁斧处理。

（4）高浮雕（剔地起突）

把雕刻花纹以外部分深层剔凿，雕刻纹样明显凸出。雕刻花纹表面不仅有起伏，而且明显隆起，立体感强。雕刻前，石面应做一遍剁斧处理。①

（二）石雕加工方法

1. 平活

图案简单的，可直接把花纹画在经过一般加工的石料表面

---

① 括号内为《营造法式》中的做法称谓。

上。图案复杂的，可使用"谱子"。画出纹样后，用錾子和锤子沿着图案线凿出浅沟，这道工序称为"穿"。如为阴纹雕刻，要用錾子顺着"穿"出的纹样修整刻深，把图案雕刻清楚、美观。如果是阳活类的平活，应把"穿"出的线条以外的部分（即"地子"）落下去，并用扁子把"地儿"扁光，再把"活儿"的边缘修整好。

2. 凿活

（1）画

较复杂的图案应先画在较厚的纸上，称为"起谱子"。然后用粗针沿着花纹线条在纸上逐一扎出排列成线的针眼，称为"扎谱子"。把谱子铺贴在石面上，稳住不得移动，可用矾红包在针眼位置不断地拍打，称为"拍谱子"。拍完谱子后，轻轻揭起谱子，花纹的痕迹就留在石面上了，再用笔将痕迹描画成图，称为"过谱子"。为使痕迹明显，可预先将石面用水湿润，便于拓描画谱。过完谱子后，用錾子沿线条"穿"一遍，就可以进行雕刻了。简单的图案也可在石面上直接画出。无论哪种画法，往往都要分步进行，如果图案表面高低相差较大，低处图案应留待下一步再描画，图案中的细部也应以后再画。将最先描画出的图案以外多余的部分凿去，并用扁子修平扁光，低处图案同样先用笔勾画清楚，再将多余的部分凿去，并用扁子修平扁光，然后用錾子和扁子进一步把图案的轮廓雕凿清楚。如果在雕凿过程中已将图案的笔迹凿掉，或是最初的轮廓线已不能满足要求时，应随时补画。

伴随着电脑、打印机、复印机等现代科技的应用，各种图案可以直接打印复印，还可任意放大缩小，并可保存，传统的手法已被现代的科技手段所取代。

（2）打糙

根据"穿"出的图案把形象的雏形雕凿出来，称为打糙。

（3）见细

在已经雕凿"出糙"了的基础上，用笔将图案的某些局部

（如动物的头脸）画出来，并用錾子或扁子雕刻出来。图案的细部（如动物的毛发、鳞甲）也应在这时描画出来并"剔撕"出来。"见细"这道工序还包括将雕刻出来的形象的边缘用扁子扁光修净。

在实际操作中，以上这三道工序不可能截然分清，常常是交叉进行，在雕刻过程中，应随画随雕、随雕随画。

3. 透活

透活的操作程序与錾活近似，但"地儿"落得更深，"活儿"的凹凸起伏更大。许多部位要掏空挖透，花草图案要"穿枝过梗"。由于透活的层次较多，因此"画"、"穿"、"錾"等程序应分层进行，反复操作。为了加强透活的真实感，细部的雕刻应更加深入细致。

4. 圆身

圆身的石雕作品由于形象各异，手法和程序难于统一。这里仅以石狮子为例，描述一下圆身做法的操作过程。

（1）出坯子

根据设计要求选择石料（包括石料的材质、色泽、规格）。如果规格与设计要求相差较多，应将多余部分錾去。石狮子分为两个部分，下部是须弥座，上部是蹲坐的狮子。一般说来，石须弥座高与狮子高之比约 5∶14，须弥座的长、宽、高之比约为12∶7∶5，狮子的长、宽、高之比约为 12∶7∶14。与上述比例不符的多余部分应劈去。

在传统雕刻中，石狮子等圆雕制品最初往往不经过详细描画，一般只简单确定一下比例关系就开始雕錾，形象全按艺人心中默想的去錾做。细部图案待錾出大致轮廓时才画上去。因此画与錾的关系可说是"基本不画，随画随錾"。

（2）錾荒

又叫"出份儿"，根据上述各部比例关系，在石料上弹划出须弥座和狮子的大致轮廓，然后将线外多余的部分錾去。

（3）打糙

画出狮子和须弥座的两侧轮廓线，并画出狮子的腿胯（画骨架），然后沿着侧面轮廓线把外形凿打出来，并凿出腿胯的基本轮廓。凿出侧面轮廓以后，接着画出前后面的轮廓线，然后按线凿出头脸、眉眼、身腿、肢股、脊骨、牙爪、绣带、铃铛、尾巴及须弥座的基本轮廓。与此同时，还要"出凿""崽子"（小狮子），"滚凿"绣球，凿做"袱子"（即包袱）。

出坯子、凿荒和打糙时都应先从上部开始，以免凿下的石碴将下部碰伤。

（4）掏挖空当

进一步画出前后腿（包括小狮子和绣球）的线条，并将前后腿之间及腹部以下的空当掏挖出来，嘴部的空当也要在这时勾画和掏挖出来。

（5）打细

在打糙的基础上将细部线条全部勾画出来，如腹背、眉眼、口齿、舌头、毛发、胡子、铃铛、绣带、绣带扣、爪子、小狮子、绣球、尾巴、包袱上"散锦"以及须弥座上的花饰等。然后将这些细部雕凿清楚，如不能一次画出雕好的，可分几次进行。

最后用磨头、剁斧、扁子等将需要修理的地方修整干净。

（三）石雕加工操作要点

（1）设计画谱时，应注意不同的纹样（大小花纹），不同的部位（高低或阴阳面），同时还要照顾到光线及视线角度，力求使光线效果突出，花形显明。

（2）操作时，锤要轻，錾要细，斧要窄，要根据不同的操作部位使用适当的工具。

（3）凿錾时，锤落錾顶要正，不可打偏，以免錾顶被锤击碎飞碴刺伤人身。錾顶刚性要柔，如过硬时，錾顶部分应回火。

（4）雕刻前要搭好工作棚，以防雨淋、日晒，污染雕活。

（5）雕活时，要注意花筋、花梗、花叶的特征和飞禽、走兽、虫、鱼的神情动态等，精心刻画，一定要表现出画谱的原意。阴阳面，凹凸深浅必须明显，务必使花形活现生动，线条流畅有力。最后，按成型的花形用铅笔勾画一遍，用小扁子顺线劈出细棱，再用细錾子清地整平，扁子扁光。

（6）石面扁光后，不得显露扁子印或錾痕，应使雕面干净光洁。

八、古建筑石作工程

（一）北方官式古建筑基础构造

古建筑基础一般由地基和其上的台基共同组成，而与石作密切相关的是台基。下文主要介绍台基的一般构造及尺寸权衡。

台基包括地下隐蔽部分和地上明露部分，隐蔽部分通称为"埋深"（也称"埋身"）。明露部分为普通台基做法的则称为"台明"，是须弥座做法的，仍称为须弥座。台基上也可设栏杆，台基侧需附设供上下行走的踏跺等。

1. 埋深

埋深是由"磉墩"和"拦土"一起组成，磉墩为柱顶石下的独立基础砌体，拦土是磉墩之间砌筑的基础墙体。磉墩和拦土为各自独立的砌筑体，相互间以通缝相连，也有少例小式建筑的磉墩和拦土一次连体砌筑（图8-1）。

2. 台明

台明的上面称为"台面"，侧面称为"台帮"。台面与台帮衔接处安放的条石为阶条石，磉墩之上安放柱顶石。台帮可用陡板石砌，也可用砖砌台帮，台帮转角处应竖置埋头角柱。台帮下设土衬石，为地上、地下分界连接。

（1）阶条石

阶条石为台基最后一层活的总称。每块石活由于所处的位置不同，又有不同的名称，详见图8-2。

月台滴水石：月台与主体建筑相挨部分的阶条，由于处于屋檐下，因此称之为滴水石，见图8-2（b）。

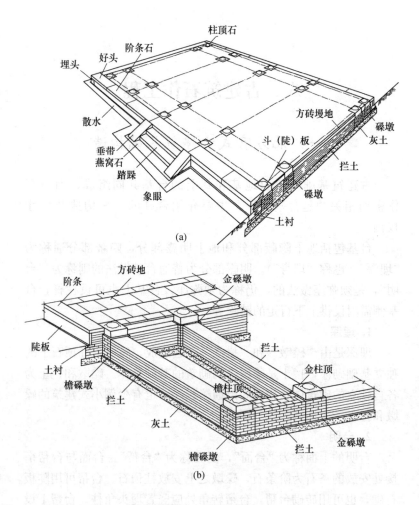

图 8-1 磉墩和拦土

(a) 磉墩、拦土与台明的关系示意；(b) 磉墩与拦土的关系示意

　　一般情况下，前檐阶条石的块数应比房间数多两块，如三间房放五块条石，这称为"三间五安"、"五间七安"等。次要建筑为材料所限时，不必拘于此法。

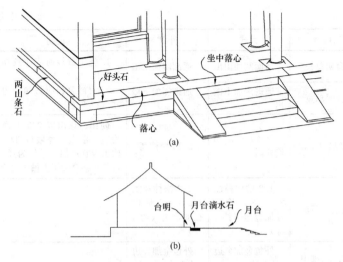

图 8-2　阶条石及月台滴水石

（a）阶条石的分部名称；（b）月台滴水石

由于下檐出的尺寸变化较大，因此阶条石可能顶石相挨，也可能离开柱顶石一段距离。如果下檐出的尺寸较小，阶条石的里皮甚至可以比柱顶石更加往里，在这种情况下，为保证柱顶石与阶条石互不妨碍，应将阶条石上多余的部分凿去，称为"掏卡子"。好头石上的卡子称"套卡子"，落心石上的卡子称"蝙蝠卡子"。

两山条石和后檐阶条石的宽度与建筑的形制有很大关系，其宽度决定如表 8-1、表 8-2 和图 8-3、图 8-4 所示。

台基石活的权衡尺度　　　　　　　表 8-1

		大式	小式	说明
台明高	普通台明	1/5 檐柱高	1/5～1/7 檐柱高	1. 地势特殊者或因功能、群体组合等需要者，可酌情增减。 2. 月台、配房台明，应比正房矮"一阶"又称一"踩"，即应矮一个阶条石的厚度
	须弥座	1/5～1/4 檐柱高（有斗拱的，柱高应量至耍头）		

		大式	小式	说明
台明总长		通面阔加山出	通面阔加山出	1. 施工放线时应注意加放掰升尺寸。 2. 土衬总长应另加金边尺寸（1~2寸）
台明总宽		通进深加下檐出	通进深加下檐出	
下檐出（下出）		2/10~3/10 檐柱高	2/10 檐柱高	硬山、悬山以 2/3 上檐出为宜；歇山、庑殿以 3/4 上檐出为宜；如经常作为通道，可等于甚至大于上檐出尺寸
封后檐下出		1/2 檐柱径加 2/3~3/3 檐柱径加金边（约 2寸）	1/2 檐柱径加 1/2~2/3 檐柱径加金边（约 1寸）	
山出	硬山	外包金加金边（约 2 寸）	外包金加金边（约 1 寸）	
	悬山	2~2.5 倍山柱径	2~2.5 倍山柱径	
	歇山、庑殿	同下檐出尺寸		

台基石活尺寸   表 8-2

项目	长	宽	高	厚	其他
土衬石	通长：台基通常加 2 倍土衬金边宽。 每块长：无定	陡板厚加 2 倍金边宽。 金边宽：大式宽约 2 寸，小式宽约 1.5 寸		同阶条厚。大式不小于 5 寸，小式不小于 4 寸。土衬露明：1~2 寸，或与室外地坪齐。必要时也可全部露出	如落槽（落仔口），槽深 1/10 本身厚。槽宽稍大于陡板厚
陡板石	通长：台基通常减 2 倍角柱石宽。如无角柱者，等于台基通长。 每块长：无定		台明高（土衬上皮至阶条上皮）减阶条厚。土衬落槽者，应加落槽尺寸	1. 1/3 本身高。 2. 同阶条厚	与阶条石、角柱石相接的部位可做榫头，榫长 0.5 寸

项目		长	宽	高	厚	其他
埋头角柱（埋头）	如意埋头（混沌埋头）		同阶条石宽，或按埋头角柱减2寸算。厢埋头的两侧宽度相同	台明高减阶条石厚。土衬落槽者，应再加落槽尺寸	同本身宽	侧面可做榫或榫窝与陡板连接
	琵琶埋头				1/3～1/2本身宽，或按阶条石厚	
	厢埋头					
阶条石		阶条总长：同台基通常尺寸	最小不小于1尺，最宽不超过下檐出尺寸（从台明外皮至柱顶石中），以柱顶外皮至台明外皮的尺寸为宜			大面可做泛水。泛水约为1/100～2/100。台基上如安栏板柱子，阶条石上可落地栿槽
	好头石	尽间面阔加山出一份，2/10～3/10定长				
	落心	等于各间面阔，尽间落心等于柱中至好头石之间的距离				
	两山条石	通长：两山台基通长减2份好头石宽。每块长：无定	硬山：1/2前檐阶条宽。周围廊歇山、庑殿及有山墙的悬山建筑：可同前檐阶条，但一般不应大于山墙外皮至台明外皮的尺寸		大式：一般为5寸或按1/4本身宽。小式：一般为4寸	
	后檐阶条石	长短不限，也可同前檐阶条石	一般可按前檐阶条宽，也可小于前檐阶条宽；老檐出形式的，不宜大于后檐墙外皮至台明外皮的尺寸		同前檐阶条厚	

项目	长	宽	高	厚	其他
月台上滴水石	通长：月台通长减2份阶条宽。每块长：无定	上檐出与下檐出之差乘1.5，或按阶条石宽		1/3本身宽或同阶条厚	

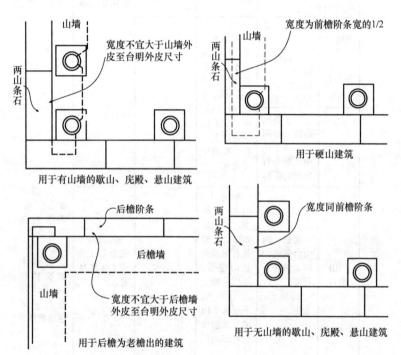

图 8-3　两山条石和后檐阶条石的宽度

（2）柱顶石

柱顶石位于柱子下面，用以承重。

1）鼓镜（图 8-5）：柱顶石上高出部分称为鼓镜。安装时鼓镜应高于台基。圆柱下的柱顶石应为圆鼓镜，方柱下的柱顶石应为方鼓镜。

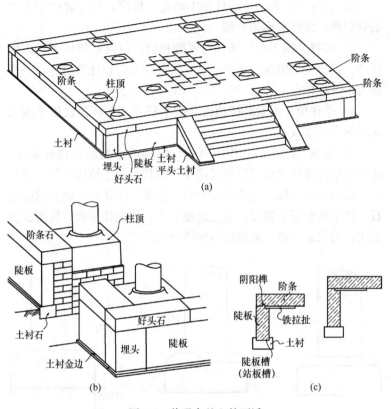

图 8-4　普通台基上的石活

（a）普通台基示意；（b）普通台基石活组合；

（c）土衬石的两种做法

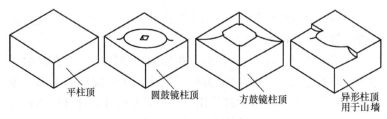

图 8-5　柱顶石的鼓镜

2）管脚（图 8-6）：在柱顶中间凿出榫窝，以安装柱子下方的管脚榫，此榫窝称为管脚。

3）插扦（图 8-6）：插扦与管脚相似，用以安装柱子下方插扦榫。插扦比管脚深，至少应为 1/3 柱顶厚。也比管脚宽，一般应为 1/3 柱径。

4）平柱顶：不做鼓镜的柱顶称平柱顶。平柱顶仅用于做法简陋的小式建筑。

5）套顶（图 8-6）：中间有一个穿透的空洞的柱顶称套顶。孔洞大小可按柱径也可比柱径略小。现代混凝土结构柱仿古建筑大多采用套顶柱础。传统木结构柱"套顶"下还有一块套顶底垫石，柱子从套顶中穿过，立在底垫石上。楼上柱顶也应使用套顶做法。为安装方便，常做成两块拼合的形式。

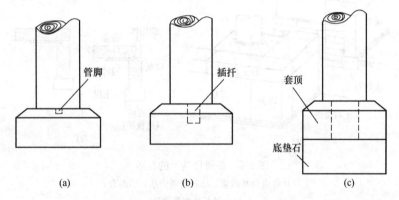

图 8-6　管脚、插扦、套顶与底垫石
（a）带管脚的柱顶；（b）带插扦的柱顶；（c）套顶与底垫石

6）爬山柱顶（图 8-7）：用于爬山廊子。爬山柱顶的上面应做成倾斜面，并应做管脚。

7）联办柱顶（图 8-8）：两个相挨的柱顶用一整块石料制成称为"联办柱顶"，这种"联办柱顶"多用于连廊柱的下面。少数极讲究的宫殿和佛教建筑使用另一种联办柱顶，这种柱顶将柱顶与阶条的好头石用一整块石料联做而成。

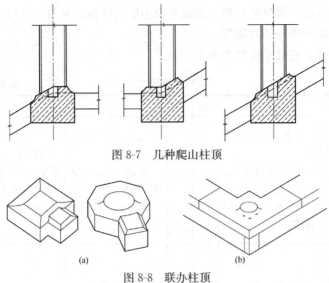

图 8-7　几种爬山柱顶

图 8-8　联办柱顶

（a）两个柱顶的联办；（b）柱顶与好头石的联办

8）异形柱顶（图 8-9）：指用于非 90°转角处的柱顶和在特

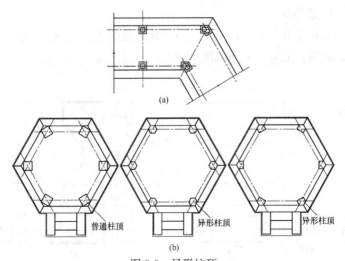

普通柱顶　异形柱顶　异形柱顶

（b）

图 8-9　异形柱顶

（a）用于八字转角的柱顶；（b）多边形建筑的柱顶不同做法

殊部位的不常见的柱顶。如转角爬山廊的柱顶、五角、六角、八角、圆形亭子的柱脚等。

柱顶石尺寸详见表 8-3。

柱顶石尺寸　　　　　　　表 8-3

项目	长	宽	高	厚	其他
柱顶石	大式：2 倍柱径，见方。小式：2 倍柱径减 2 寸，见方。鼓径宽：约 1.2 倍柱径			大式：1/2 本身宽。小式：1/3 本身宽，但不小于 4 寸。鼓径高：1/10～1/5 檐柱径	檐柱顶、金柱顶及山柱顶虽宽度不同，但厚度可相同
套顶下装板石（底垫石）	同柱顶			1/2～1 柱顶厚	

3. 须弥座

须弥座落座在土衬石上，自下而上依次为：圭角、下枋、下枭、束腰、上枭、上枋（图 8-10）。

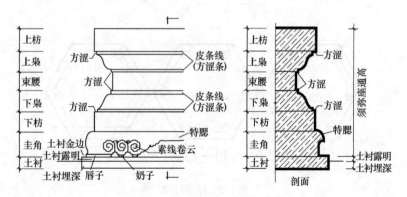

图 8-10　石须弥座的各部位名称

如果高度不能满足要求时，可将上枋、下枋做成双层，必要时还可将土衬也做成双层，但应有一层土衬全部露明（图 8-11）。坐落在砌体上的须弥座可不用土衬石。

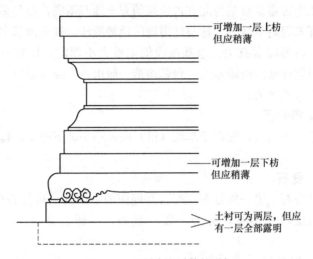

可增加一层上枋
但应稍薄

可增加一层下枋
但应稍薄

土衬可为两层，但应
有一层全部露明

图 8-11　石须弥座层数的增加

须弥座的转角处，通常有三种做法。第一种转角不做任何处理；第二种在转角处使用角柱石（又称金刚柱子），阳角处的称"出角角柱"，阴角处的称"入角角柱"；第三种在转角处做成"马蹄柱子"，俗称"玛瑙柱子"（图 8-12）。

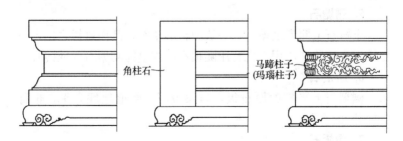

角柱石

马蹄柱子
(玛瑙柱子)

图 8-12　石须弥座转角的不同处理

（二）江南古建筑台基构成

江南古建筑台基与北方古建筑的夯土地基不同，而是采用夯石处理来提高承载力。这与江南地区地势低洼，软土地基多，地下水位高等因素有关。地基深浅依承重大小而定，柱较墙承重大，因此柱基深而墙基浅。台基构造一般由八个部分组成，自下而上依次顺序为：

1. 领夯石

即三角块石，铺设于基坑（槽）底，小头朝下夯实，提高承载力。

2. 叠石

领夯石上第一皮复石，按台基埋深的不同其上可复石多皮。以复石皮数之多少，称为一领一叠石，一领二叠石，一领三叠石。

3. 绞脚石

在叠石上驳砌之石条，按石料整乱可分为塘石（条石）及乱纹绞脚石（毛石）。也可以砖砌，即糙砖绞脚。

4. 土衬石

绞脚石上平砌的整形条石，也是台基出土之处，地上地下的分界线。

5. 侧塘石

土衬石上侧砌之塘石，一般为整形条石，既作遮拦之用，也作承重上部阶沿之用。也有用陡板石，内里糙砌塘石（或砖）。

6. 阶沿石

侧塘石上平砌的厚石板，与磉板石、廊道地坪齐平，也称"尽间阶沿石"。

7. 磉板石

平砌于石砌（或砖砌）柱基上的方形厚石板，起传递柱上承重至台基基础的作用。应与阶沿石、廊道地坪、室内地坪齐平。

8. 礐鼓（鼓蹬石）

安放于礐板石之上，其上承托立柱。多为圆、方形鼓石，起传力、隔潮之用（图8-13）。

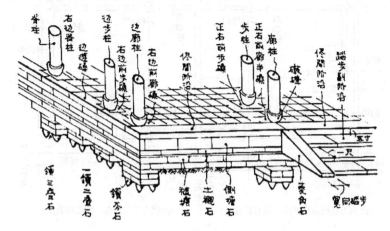

图8-13　台柱礐夯石基础图

（三）古建筑台基石作施工做法

古建筑台基石活一般是指台基露明即台明部分石活，普通台基的石活主要由土衬石、陡板石、埋头角柱、阶条石和柱顶石等组成。石活安装的具体做法（包括土衬、陡板、埋头、阶条、柱顶等）如下：

1. 台基定位放线

台基定位前，平水和中（即标高和轴线）已由专业测量工测定位置，并打好定位木桩、标注好中心点位和平水高度线。台基各部尺寸按设计要求推算清楚，面阔、进深、下出、山出、檐进、墙宽、柱顶掰升、灰土压槽等尺寸已明确（图8-14）。

（1）台基定位

根据台基所有尺寸（包括灰土压槽）的总尺寸确定建筑基础平面的大致位置，再按基础埋深要求和基坑（槽）开挖放坡要求

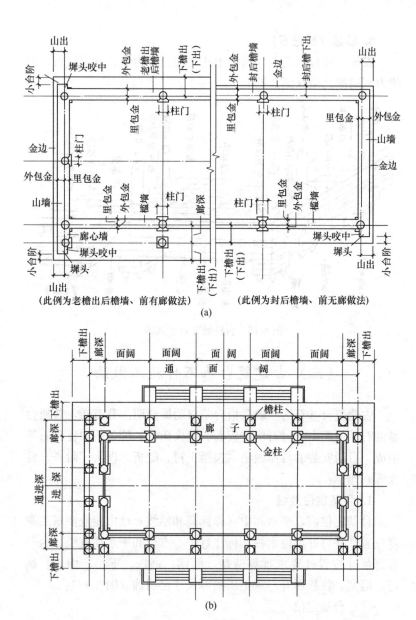

图 8-14 台基平面各部位名称

（a）以硬山建筑为例；（b）以庑殿、歇山周围廊式建筑为例大致确定基坑（槽）的范围。在这个范围以外的合适位置（以不影响基础挖土和临时堆土的要求）设置放线用具，可以用砖砌的"海墙子"，也可以用木制的"龙门板"（包括木桩和横板）。海墙子或龙门板的上皮应与台基的平水（标高）齐平，整个上皮应保持水平。龙门板的建筑定位如图 8-15 所示。

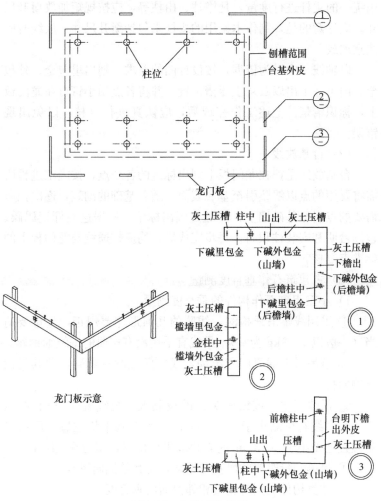

图 8-15　台基定位放线

根据测定的轴线定位桩，同一轴线的前后定位桩拉通线延伸至前后龙门板上并投射到龙门板顶，通线必须同时对准轴线桩的定点中心位置。这样就将轴线的"中"定位到龙门板上了，并将"中"用小钉钉在龙门板顶，做好清晰标注，标注应不易褪色。同理，可将建筑的各轴线桩依次定位到龙门板上。丈量尺寸时宜用统一的丈杆进行度量，凡檐柱、山柱等，应按规矩加放掰升尺寸。应注意的是，制作木架用的丈杆未包括掰升尺寸，放线时应注意加放。

以轴线"中"为依据，按设计图的要求，划出里包金、外包金、山出、下出以及灰土压槽位置，并将各点用小钉钉在龙门板上，标识清楚。上述工作完成后，应认真进行复核，以免出现错误。

（2）台基放线

台基放线是把在龙门板上划出标定的各个点，按施工进程所需将要用的点以线坠引至基底表面。随着基础的砌筑，逐次把所需要的点引至基础墙上，并随之画出标记。根据这些标记码磉、包砌台明和安装柱顶石。每步完成后，均应拉通线与龙门板上的标准点复核。

（3）古建筑石作垂直度测量

1）小型组砌石作构件的垂直度测量

① 采用线坠吊线检测，线坠的几何形体要规正，重量要适当（一般以 1～3kg 为宜）。吊线宜采用没有扭曲的编织细钢丝。

② 悬吊时上端要固定牢固，线中间应没有障碍，尤其是没有侧向抗力。

③ 吊线下端（或线坠尖）的投测人，视线要垂直构件面，当线左、线右目测小于 3～4mm 时，可取其平均位置，两次平均位置之差小于 2～3mm 时，再取平均位置，作为测量结果。

④ 目测测量时要防风吹和振动，尤其是侧向风吹。

⑤ 柱类构件应同时测量相邻两面的垂直度。

2）高大石构件（柱类直立构件）的垂直度测量

① 侧向风吹无影响或影响不大时，可用线坠吊线检测。因吊线增长故吊坠宜用重锤（一般为 5kg 及以上）的大吊坠，可增大自重坠力，减轻线坠吊挂时的摆幅。检测方法按上述。

② 当有侧向抗力，或侧向风吹使吊锤摆幅偏大，影响测量精度时，可使用经纬仪进行垂直度测量。应采用两台经纬仪在柱类直立构件的正侧两面同时监测，测量时，经纬仪必须架设在所测构件的轴线上，使望远镜视线与观察面相垂直，以防因上下测点不在一个垂直面而产生测量误差。构件校正时，先校正偏差大的，后校正偏差小的。如果两个方向偏差数相近，则先校正偏差小的面，后校正偏差大的面。校正好一个方向后，稍打紧两面相对的四个楔子，再校正另一个方向。

2. 土衬石安装

土衬石是台明与"埋身"的分界，土衬石既为台基埋身的顶层，也为台基台明的底层。因此，土衬石安装的精度直接影响其上的陡板石、阶条石安装的精准度。

（1）土衬石定位应按龙门板上的台基土衬定位点，拉通线、吊线坠，将点位精确落点到台基埋身上，并做好标记。放线时应拉通线，要特别注意有台阶、垂带、踏跺之处，平头土衬石应随垂带而走，要放实样定位。

（2）土衬石一般应比室外地面高出 1～2 寸，应比陡板石宽出约 2 寸，宽出的部分称"金边"。

（3）土衬石安装时，按标记位置拉通线并做预排。先铺砌转角处的"头石"，再依头石和通线通砌土衬石。铺砌时，土衬石的"背山"要稳固，坐浆要密实，以利承重上部构件。

（4）土衬石与陡板石接触处可以"落槽"，即按照陡板的宽度，在土衬石上凿出一道浅槽，陡板石就立在槽内。

3. 陡板石安装

（1）从台基四角做起，先将埋头角柱在土衬石上落槽（或落榫）稳好。稳好前，埋头角柱应先凿做好榫或榫窝，稳好后，按埋头角柱面拉通线预排陡板石。

（2）将陡板石按预排后确定的石板规格，再做接头打拼缝，打好接头拼缝后，即往土衬石上落槽稳装。

（3）稳装前，应注意陡板石与台基墙面的连接，应符合结构设计的做法。稳装时，应架好斜撑，以防石料因灌浆挤压而发生滑动。铁扒锔的深度（石窝）不得超过3cm。

（4）灌浆时，不宜一次灌满，最少不低于三次。每次灌浆需待凝固后（约4h以后），再继续灌第二次，灌浆要饱满，插捣要严密。

4. 台阶石安装

（1）根据门口中线或房屋面阔中线等，拉通线定出台阶中线，按中线均分确定台阶面阔。

（2）根据台阶的高度（但不包括磕绊）及层数，在台基上弹出每层的标高墨线。

（3）根据踏跺的宽度（但不包括缝绊），在地面上弹出每层台阶的宽度墨线。

（4）如有如意石，按线安砌如意石。如意石应与室外地面的标高相同。

（5）如有御路石，安砌御路石。御路石背后应预先砌好背底砖。御路石垫稳后，灌足灰浆。

（6）根据分好的位置，在台阶两旁立水平桩，将燕窝石的水平位置标注在水平桩上，并以此为标准拉一道平线。根据平线和地上弹出的墨线标出的位置稳垫燕窝石。

（7）按照台基土衬和燕窝石的高度，稳垫平头土衬。

（8）在燕窝石、平头土衬和台明之间用砖或石料砌实，并灌足灰浆。

（9）稳垫中基石、上基石（或礓磋）。稳垫之前，可从阶条石向燕窝石拉一条斜线，用以代替垂带石的上棱。安装时，高度标准以斜线为准，即台阶外棱应与垂带上棱碰齐。低于垂带上棱称"淹脚"，高出者称"亮脚"。少量的淹脚尚可，但不允许亮脚。中基石、上基石的出、进标准应以地面上的墨线分位为准。

（10）每层台阶的背后都要用石或砖背好，并灌足灰浆。普通建筑可灌桃花浆或生石灰浆，宫殿建筑可灌江米浆。灰浆一定要保证灌足，这样才能保证台阶的牢固程度和防止冻融破坏。

（11）安砌象眼石，象眼石背后要灌足灰浆，最后安砌垂带。

5. 阶条石安装

（1）阶条石安装前应先拉通线放样，并依阶条石"坐中落心"的做法要求预排实样。

（2）阶条石安装前应先检查埋头角柱、陡板石安装灌浆的稳固情况。待稳固后，才可安装阶条石，避免安装时因擦碰造成已安装的埋头、陡板出现松动。

（3）阶条石安装应先安稳"好头石"，安装前先按埋头角柱上的榫位凿好榫窝，再落榫铺砌平整。外侧面应与埋头、陡板齐平，背山稳固，灌浆密实。

（4）好头石安稳后，好头石之间拉通线，再放好正间中心线，依中心线均分，平齐通线安放"坐中落心"石，最后安放落心石。落心石先预留一个头不截，应经过度量后，按精确的尺寸截头安装。

（5）阶条石与台帮安装时，要注意预留"泛水"，以利排水，可保护建筑免受雨水浸蚀，泛水的坡度一般控制在1%以内。

6. 柱顶石安装

（1）柱顶石安装前，应按龙门板上标定的柱中轴线拉通线放样，将柱中心的十字轴线投射到柱基上并弹出墨线，再将墨线垂直引至柱基墙上并弹线，可做校检之用。柱有掰升要求的，应按掰升后的轴线，拉线放样。

（2）安装前，柱顶石底部应弹出中心十字轴线，并将线垂直引至侧面弹出墨线。安装时将两个十字轴线重合即可准确就位，标高按龙门板给定的高度拉通线抄平"柱顶盘"面。

（3）安装柱顶石时，柱顶盘必须保持水平，如廊子地面、阶条石有泛水要求，将发生柱顶石外棱与砖墁地交接不平齐，它们之间的接触面会出现有斜度的高低差，这应在墁完砖地以后用剁斧等方法找平。

（4）小型柱顶石（以两人能抬起为限）可直接铺坐灰浆，然后用木夯墩击，跟线后即为合适。铺坐的灰浆不宜太厚，一般不应超过1cm。灰浆应较稠，宜用干硬性灰浆。

（5）大型柱顶石应先垫稳合适后再灌浆，普通建筑可用桃花浆或生石灰浆，宫殿建筑可用油灰灌浆。为保证灰浆饱满，可用铁丝伸入内部插捣，另一边冒出气泡即说明浆已饱满。灌浆以后可用一些生铁片塞入缝内，以增强灰浆的抗压能力。如为套顶做法，榫眼内要灌油浆。

7. 石活安装的操作要点

（1）安装台基石应先拴通线，所有石活均应按线找规矩。如土衬石外皮线应比台基外皮线往外多加金边尺寸，埋头和好头石外皮线应与台基外皮线重合，陡板应以埋头为准，阶条石应以好头石为准，柱顶石上的十字线应与柱中线重合等。

（2）最后安装的一块石料，在制作加工时，有一个头不截，待其他石活安装完毕后，经过度量，确定了准确的尺寸再进行"割头"，最后安装成活，如阶条中的"落心石"等。在实际操作中，常用"卡制杆"的方法确定最后一块石活的准确尺寸。方法如下：用两个"卡杆"（用木杆等即可）并放在一起，使两端顶住两边的石料。卡杆的长度，即要割头的石料的长度。为了保证石活"并缝"宽度一致，不出现"喇叭缝"，不应使用方尺画线，而应在两边各"卡"一次制杆，按制杆卡出的两点连线"割头"，这样更能符合实际情况。

（3）石活就位前，可适当铺坐灰浆。下方应预先垫好砖块等垫物，以便撤去绳索，再用撬棍撬起小料，拿掉垫在下方的砖头，石活如不跟线，或"头缝"不合适，都要用撬棍点橇到位。

（4）石活放好后，要按线找平、找正、垫稳。如有不平、不正或不稳，均应通过"背山"解决，普通情况下，"打石山"或

"打铁山"均可。如石料很重,则必须用生铁片"背山"。打好石山或铁山后,要用熟铁片在后口缝隙处(主要为立缝)背实。

(5)陡板石下面的榫应对准土衬上的榫窝,安装后可在榫窝处背好铁楔,然后在外面做出标记。灌浆时,此处应适当多灌一些。大式建筑的陡板上常凿出银锭榫窝,安装时在此处放生铁"拉扯"("拉扯"长2尺左右,厚1~2寸)。"拉扯"后面压在金刚墙里。榫窝内注入生石灰浆、江米浆或盐卤浆。

(6)灌浆前应先勾缝,如石间的缝隙较大,应在接缝处勾抹麻刀灰。如缝子很细,应勾抹油灰或石膏。为防止灌浆时灰浆将石活撑开,陡板石要用斜撑顶好。

(7)灌浆应在"浆口"处进行。"浆口"是在石活某个合适位置的侧面预留的一个缺口,灌浆完成后再把这个位置上的砖或石活安装好。为防止内部闭住气体而造成空虚,大面积灌浆时,可适当再留几个出气口。浆口处还可以装一个漏斗,这样既能增加灌注的压力,又能避免浆汁四溢。

(8)灌浆前宜先灌注适量清水,这样可冲去石面上的浮土,利于灰浆与石料的附着粘结。同时,湿润的内部有利于灰浆的流动,确保灌浆的饱满程度。灌浆至少应分三次灌,第一次应较稀,以后逐渐加稠。每次相隔时间不宜太短,一般应在4h以后。灌完浆以后应将弄脏了的石面冲刷干净。

(9)安装完成后,局部如有凸起不平,可用凿打或剁斧,将石面"洗"平。

8. 石活连接方式

(1)自身连接方式:做榫和榫窝,做"磕绊",做"仔口"。仔口亦称"梓口",凿做仔口又称"落槽"(图8-16)。

(2)铁活连接:用"拉扯",用"银锭"(又称"头钩"),用"扒锔"(图8-17)。石活表面应按铁活的形状凿出窝来,将铁活放好后,空余部分要用灰浆或白矾水灌严实,讲究的做法可灌注盐卤浆或铁水。

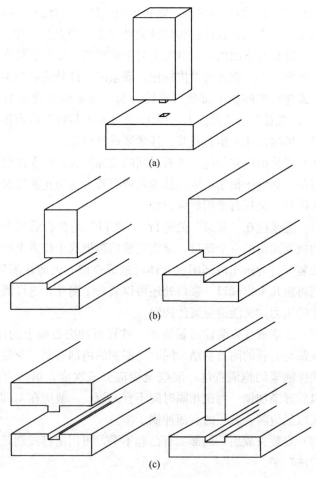

图 8-16　石活的自身连接

(a) 榫卯连接；(b) 磕绊连接；(c) 仔口连接

9. 石活稳固方法

（1）铺灰坐浆。由于石活的自重较沉，起落不易，一旦灰浆厚度控制不好，因起落不易，铺灰厚度也不便调整，对石活的整体平整度有些影响，仅用于平整度要求不严格的石活。也可先将石活垫好，再从侧面将灰塞入，灰应塞密实，特别是接缝处灰应

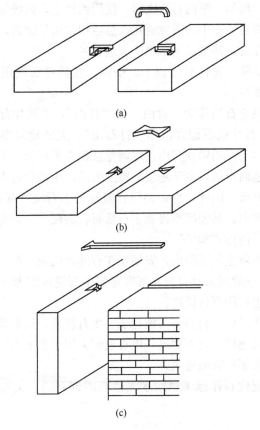

图 8-17　石活的铁活连接

（a）扒锔连接；（b）银锭连接；（c）拉扯连接

坐实，以使相邻石活表面平齐，整体平整。

（2）使用铁活。古建筑石活的稳固，除用灰浆粘结外，为使石活的连结更稳固，往往还要根据具体情况附加一些简单的铁活，增强石活的连接稳固。如将石活的缝隙用铁撧（俗称"铁撒"）塞实，又如出挑的石活，在下端放置"托铁"，托铁要隐入石活内，外面用灰抹平。石活的上端后口，还可以放置长条"压铁"，压铁再被墙内砌体压住。这一托一压，可以保证出挑构件的稳固性。再如，纵向石活之间，使用铁销子，高级做法甚至将从上到下的石活在中间凿成透孔，然后用铁销子穿透，再灌浆严实。极讲究者，甚至要用铁水注入透孔内。

（3）灌浆。先将石活找平、垫稳，然后将石缝用灰勾缝密封，最后灌浆。

（4）稳垫石活称为"背山"或"打山"，以铁片背山称"打铁山"，以石片或石碴背山称"打石山"。大式建筑多以铁片背山，但汉白玉需用铅铁背山，以避免铁锈弄脏石面。小式石活多打石山。地面石活，由于基层平整度较差，用铁片背山往往满足不了高度要求。因此，也需要用石碴甚至小石块"打石山"。如果用石料背山，其硬度不得低于石活石料的硬度，否则会被石活石料压碎，俗称"嚼了"。

（5）为防止灰浆溢出，需预先在石缝处用灰勾严，称为"锁口"。锁口一般用大麻刀灰，宫殿建筑中石缝极细者可用油灰锁口，近代也有用石膏锁口。

（6）灌浆所用材料多为桃花浆、生石灰浆、江米浆。桃花浆多用于小式建筑或地方建筑，生石灰浆多用于普通大式建筑，江米浆用于重要的宫殿建筑。

（7）现代石作施工也用水泥砂浆灌砌石活，文物修缮时应慎用。

（四）古建筑石地面铺装施工做法

古建筑石地面铺装一般多用于室外，地面石活主要有甬路石、御路、牙子石、海墁条石、仿方砖墁地和石板地、毛石地、石子地等形式。

1. 古建筑石地面的一般形式

（1）甬路石

甬路石用于甬路的中线位置，一般用于街道，因此又称为"街心石"。街心石的表面一般应向两侧做泛水，形似鱼背，俗称

"鱼脊背"（图 8-18）。

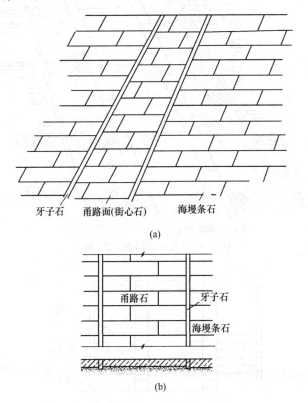

图 8-18　甬路石、牙子石和海墁条石
（a）位置示意；（b）剖面做法

（2）御路

御路又称"中心石"，实际上也是一种甬路石，但由于一般大式建筑的庭院内都用石甬路，因此也就成了宫殿庭院甬路石的专用名词。御路只用于宫殿中的主要甬路，一般位于建筑群的中轴线上。

（3）牙子石

用于甬路石或御路两侧及甬路、御路的散水两侧（图 8-18、图 8-19）。

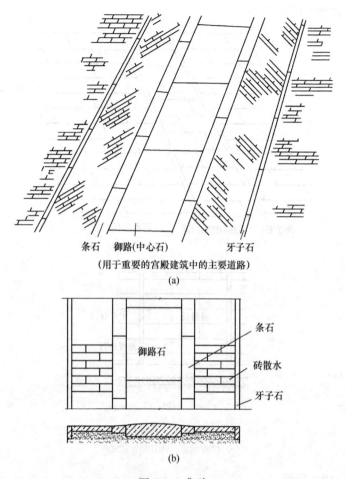

条石　　御路(中心石)　　　牙子石

（用于重要的宫殿建筑中的主要道路）

(a)

图 8-19　御路

（a）位置示意；（b）剖面做法

（4）海墁条石

用规格的条石做成的海墁地面。海墁条石的表面多以刷道或砸花锤交活，一般不剁斧或磨光，否则不利于防滑。

（5）仿方砖地面

仿方砖地面（图 8-20）是将石料做成与方砖形状、规格相仿的石砖，以石代砖的一种地面做法。这种做法一般用于重要宫殿的室内或檐廊，偶见于露天祭坛等重要的宫殿建筑。用于室内多采用青白石或花石板，用于露天多采用青白石，表面多为磨光做法。

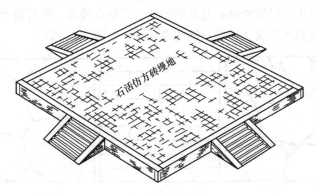

用于重要的宫殿建筑

图 8-20　仿方砖地面

（6）石板地、毛石地和石子地

石板地又称"冰纹地"，系指以各种不规则的小块薄石板铺成的地面，多用于园林中（图 8-21）。毛石地面是以毛石（花岗石）铺成的地面，多用于民间路面或园林中。宫廷园林的石子地

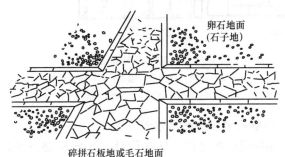

碎拼石板地或毛石地面

用于园林

图 8-21　石板地、毛石地和石子地

以细密的河卵石铺成，利用多种石色摆成各式图案。

江南古建筑的室内地面一般都采用砖铺地，室外地面、园路等大都用石材铺砌。石材的形式多以条石、石板（规则石板和冰裂纹石板）或弹石（小块不规则毛石）为主。

常用石材铺地形式有乱石铺地、方整石铺地、弹石铺地、条石铺地和冰裂纹（冰梅）铺地等几种，如图 8-22 所示。

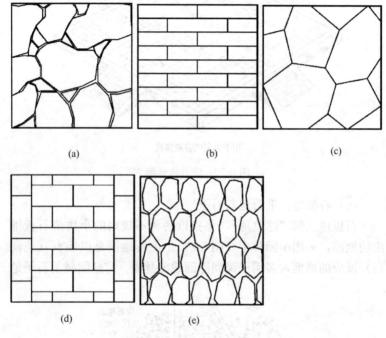

图 8-22　常用石材铺地形式
（a）乱石铺地；（b）条石铺地；（c）冰梅铺地；
（d）方整石铺地；（e）弹石铺地

2. 古建筑石地面的铺装方法

（1）在铺墁地面之前，应按设计标高将底层找平，做好垫层。按路（铺地）走向放出十字中线，有甬路、御路的地面放出路的中心线和边线（包括牙子石）。

（2）以路的中心线和台明土衬（排水沟、排水井）为基准，按设计的排水坡向、坡度的要求，逐段、分区域定出铺地标高，放出排水坡度。

（3）铺筑前，应先做预排。有甬路、御路的铺地，应先排甬路、御路的铺筑石块。一般排列的趟数为单数，中间趟应正对大门中，且为整块石活不得为"破活"。破活应设放在边角处，通过预排尽量避免出现小块破活。

（4）铺筑顺序：甬路、御路的牙子石应先铺筑。稳好后，接着铺筑甬路街心石、御路中心石。后铺砌御路散水，再铺筑海墁条石（或其他形式的墁地）。

（5）铺筑时，按区段、区域引入标高控制桩，并在垫层上按铺筑方向弹好互相垂直的十字控制线，作为检查和控制的基准。再按待铺面的设计坡向高低和铺筑方向拉好铺面的十字控制线，作为铺面的水平平整控制和相互间石块接缝的齐缝和对直的控制线。

（6）小块石料的铺筑如部分甬路石、方整石、冰梅（冰裂）石等可采用坐浆铺筑，灰浆应为半干状，手握成团，落地散开。铺灰前，应清扫垫层并洒水湿润，然后摊铺灰浆。灰浆要铺平拍实，铺灰厚度宜比实际铺筑高 $1\sim2mm$。

铺筑时，要按控制线拉好逐排铺筑的齐准线，依线铺设，石料用木夯（木锤）磕击密实，并用水平尺边铺边靠，随时检测平整度。磕击后，如灰浆厚度不够或有空鼓应及时起料补灰，然后再复位磕击密实。为增强石料与灰浆的粘结力，可在铺灰面上套浆，再铺砌石料，石料放平、拨正、对齐后，用木锤轻击密实。

铺筑完成后，用干灰粉或细砂撒在铺好的石面上扫缝，使缝隙嵌填密实，最后将石面清扫干净。

（7）大块石料的铺筑如御路石等因石料沉重，单人甚至两人也较难掀提起料，若用坐浆铺砌，铺灰厚度很难一次布够、摊平、密实，起料补灰操作起来较难，灰浆也不易夯击密实，易造成石料铺砌空鼓、边角下沉，致使石面不水平、相邻石面间不平整等现象。因此，大块石料宜采用灌浆铺筑。

灌浆前，应先按线铺放石料，并用石碴将石料垫平、垫稳，水平大尺边铺垫边靠测水平。当铺放好一片地面以后，在适当的地方用灰堆围成一个"灌浆口"，在此处开始灌浆。灌浆所用的材料传统做法多为生石灰浆或桃花浆等，现在也可用水泥砂浆填塞。

地面铺好灌浆密实后，可用干灰将石缝灌严填实，然后将石面打扫干净。

（8）冰梅（冰裂纹）铺地是南方古建筑中常用的一种地面铺装形式，因其采用不规则的多边形石板料铺设，需施工现场边加工边铺设，故而较为费工耗料。铺设时需用活动角尺（俗称五星尺）逐块量出各个角度、各边边长，边度量边截料加工。铺设方法通常为密缝和留缝两种，采用留缝铺设时，缝内需用灰浆嵌缝密实并勾凹缝，在我国南方古建筑地面冰梅铺地多为密缝铺设。

冰梅（冰裂纹）铺地的铺筑方法可参照方整石板铺地，但因冰梅（冰裂纹）石板一般较小，缝隙结合非常紧密，因此结合层多采用砂灰浆、熟灰浆、掺灰泥等灰浆，而不用河砂。

冰梅（冰裂纹）铺地必须从中间开始铺设，将非完整的块体安排在路的两侧。在铺设过程中要把握整体布局，保持边缘块体的规格形状和中间部分有些相似但有区别，切勿在边侧形成小块镶嵌。

冰梅块的形状原则上为五角以上，少用三角、不用四角，而且每个角都必须为阳角，都为钝角或锐角，不能有阴角及直角。板料加工应有大小形状的变化，切忌均匀，形状避免雷同。

（9）弹石铺地是南方特有的一种地面铺装形式，因南方多山产石丰富，故在南方古建筑庭院内，常采用石料开采后产生的小块零料石块作室外地面铺设的用料，称作"弹石铺地"。弹石一般宜用 10～20cm 规格的方形料，以石矿开采余留的边角料粗略加工而成。

弹石铺地一般为留缝铺设，留缝宽度一般为 10mm 左右，缝内嵌填灰浆（也可为细砂）。庭院内的弹石铺地一般多采用坐浆铺设，一些园路、林间小道也用砂、土铺设。

铺设前应先预排，按路面（或铺地）的长宽和弹石的规格、留缝的宽度等要求做试排。试排尺寸偏差大的调整弹石排列块数，偏差小的调整留缝缝宽。铺设前还应按设计标高和排水坡向，拉好石块的排列齐准线和标高控制线，按线铺设。

铺设时，先铺底灰，底灰宜用半干灰。弹石依线离缝逐排、逐列排铺，成片后锤击击实。锤击时，应在弹石石面上按其排列方向搁垫厚直长条方木。扶稳方木后，锤击方木，落点要均匀，使力要稳避免过猛，使弹石受匀力成排压实。操作时，底灰不够要随时掀料补灰，边击打弹石，边用水平尺靠测水平，按线控制好排水坡向。

成片击打压实后，其上撒铺干灰，扫灰填缝，露出弹石的自然毛面即可。扫灰时要注意力度和排水坡向，缝内留灰不平时，应及时扫平，留灰不足时，要及时补灰、扫平，避免留下产生积水现象的隐患。

（五）石栏杆（板）施工做法

1. 石栏杆（板）的样式及组成

石栏杆也称"栏板望柱"、"栏板柱子"，多用于须弥台基上，也可用于普通台基上，还应用于石桥以及水池、平台边等需围栏之地。石栏杆（板）花式多样，简繁各异，按其组成形式可分为禅杖栏板（又称寻杖栏板）和罗汉栏板两大类。这其中又以禅杖栏板较常见，按其雕刻的式样可分为透瓶栏板和束莲栏板两种类型，这两类中又以透瓶栏板最为常见。如图 8-23～图 8-25 所示。

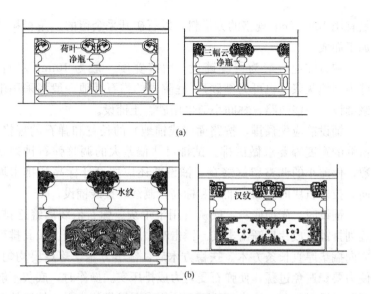

图 8-23 透瓶栏板

（a）透瓶栏板的标准式样；（b）透瓶栏板的变化形式

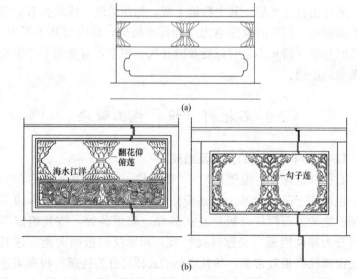

图 8-24 束莲栏板

（a）束莲栏板的标准式样；（b）束莲栏板的变化形式

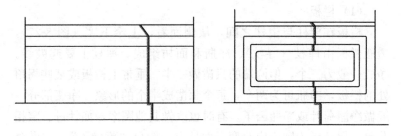

图 8-25　两种罗汉栏板

　　石栏板（以最常见的透瓶栏板为例）一般由地栿、栏板和望柱（柱子）组成（图 8-26），台阶上的栏板柱子由地栿、栏板、望柱（柱子）和抱鼓组成。

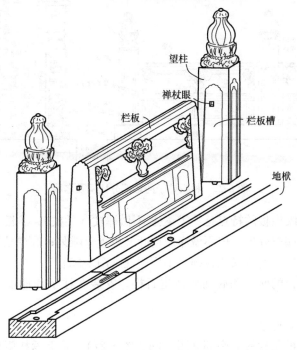

望柱

禅杖眼

栏板

栏板槽

地栿

图 8-26　栏板柱子组合示意

（1）栏板

栏板在望柱与望柱之间，从侧面看，上窄下宽（图8-27），透瓶栏板由禅杖（寻杖）、净瓶和面枋组成。禅杖上要起鼓线。净瓶一般为三个，但两端的只凿做一半。垂带上栏板或某些拐角处的栏板，净瓶可为两个，每个都凿成半个的形象。净瓶部分一般做净瓶荷叶或净瓶云子，有时也改做其他图案，如牡丹、宝相花等，但外形轮廓不应改变。面枋上一般只"落盘子"（"做合子"），极讲究的，也可雕刻图案，在"合子"中雕刻者称"做合子心"。

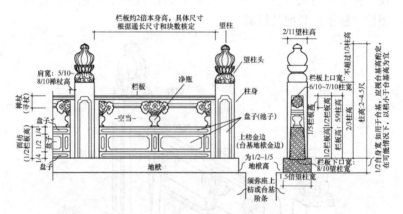

图 8-27　栏板柱子的各部分比例及名称

罗汉栏板的特点是：① 栏板不做禅杖（寻杖）；②板面上可做简单掏空处理，但不做净瓶荷叶或束莲等雕刻；③禅杖栏板必须用望柱，而罗汉栏板则可不用望柱（图8-25）。

栏板的两头和底面要凿出石榫，安装在柱子和地栿上的榫窝内。

（2）地栿

地栿是栏板的底部（图8-26、图8-27），其上承托望柱和栏板。地栿上面需按望柱栏板的宽度凿出一道浅槽，即应"落槽"，落出的槽又称"仔口"，槽内还应凿出栏板和柱子的榫窝。"长身

92

地栿"的底面应凿出"过水沟"（图 8-28），以利排掉台基上的雨水，过水沟的位置应在望柱之间。地栿的位置应比台基阶条石（或须弥座的上枋）退进一些，退进的部分称"台基金边"或"上枋金边"，金边宽度约为 1/5～1/2 地栿高。

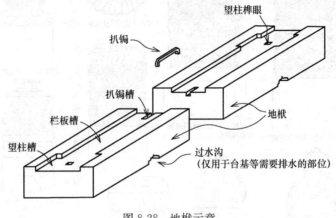

图 8-28　地栿示意

（3）望柱

望柱俗称柱子（图 8-27）。柱子可分为柱头和柱身两部分。柱身的形状比较简单，一般只落两层"盘子"，盘子又称池子（图 8-27）。柱头的形式种类较多，常见的官式做法有：莲瓣头、复莲头、石榴头、二十四气头、叠落云子、水纹头、素方头、仙人头、龙凤头、狮子头、麻叶头（马尾头）、八不蹭等（图 8-29）。地方风格的柱头更是丰富多变，如各种水果、各种动物、文房四宝、琴棋书画、人物故事等（图 8-30）。选择柱头时应注意两点：①在同一个建筑上，地方建筑的柱头可采用多种式样，而官式建筑的柱头一般只采用一种式样。②选择柱头式样时应注意与建筑环境的配合，如重要宫殿大多采用龙凤头。

柱子的底面要凿出榫头，柱子的两个侧面要落栏板槽，槽内要按栏板榫的位置凿出榫窝。

（4）垂带上栏板柱子

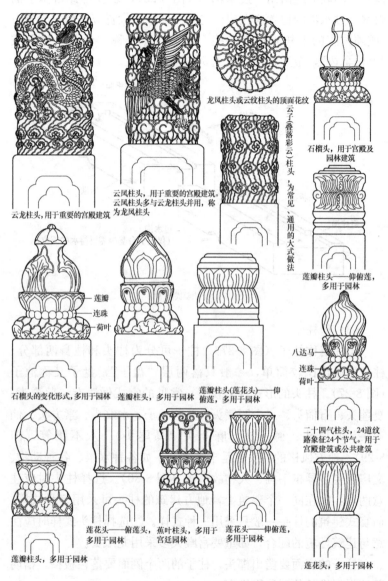

龙凤柱头或云纹柱头的顶面花纹

云龙柱头，用于重要的宫殿建筑

云凤柱头，用于重要的宫殿建筑。云凤柱头多与云龙柱头并用，称为龙凤柱头

云子（叠落彩云）柱头，为常见、通用的大式做法

石榴头，用于宫殿及园林建筑

莲瓣柱头——仰俯莲，多用于园林

八达马

连珠

荷叶

二十四气柱头，24道纹路象征24个节气。用于宫殿建筑或公共建筑

莲瓣

连珠

荷叶

石榴头的变化形式，多用于园林

莲瓣柱头，多用于园林

莲瓣柱头（莲花头）——仰俯莲，多用于园林

莲瓣柱头，多用于园林

莲花头——俯莲头，多用于园林

蕉叶柱头，多用于宫廷园林

莲花头——仰俯莲，多用于园林

莲花头，多用于园林

图 8-29　柱头的式样（一）

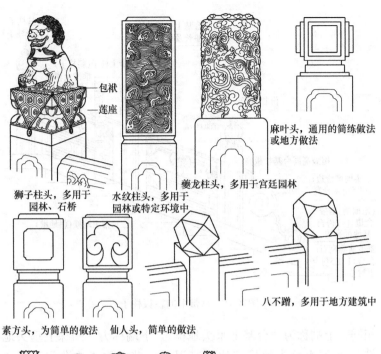

包袱

莲座

麻叶头，通用的简练做法
或地方做法

夔龙柱头，多用于宫廷园林

狮子柱头，多用于
园林、石桥

水纹柱头，多用于
园林或特定环境中

八不蹭，多用于地方建筑中

素方头，为简单的做法　　仙人头，简单的做法

几种地方风格的柱头式样

图 8-30　柱头的式样（二）

　　垂带上栏板柱子的尺寸应以"长身柱子"、"长身栏板"和
"长身地栿"的尺寸为基础，根据块数核算出长度，再根据垂带
的坡度，确定准确的规格。垂带上柱子的顶部与"长身柱子"做
法相同，但底部应随垂带地栿做成斜面（图 8-31）。

　　垂带上地栿的两端称为"垂头地栿"。上下两端的做法各不

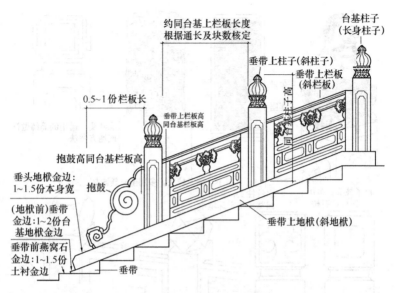

图 8-31 垂带上的栏板柱子

相同，上端称为"台基上垂头地栿"，下端称为"踏跺上垂头地栿"。踏跺上垂头地栿应比垂带退进一些，称"地栿前垂带金边"，其宽度为台基上地栿金边的1～2倍。踏跺上垂头地栿之上的抱鼓退进的部分称"垂头地栿金边"，其宽度为地栿本身宽度的1～1.5倍（图8-32）。

　　做法讲究且材料允许时，垂带地栿可与垂带"联办"制作，甚至可与垂带下的象眼"联办"制作。

　　抱鼓位于垂带上栏板柱子的下方（图8-33）。抱鼓的大鼓内一般仅做简单的"云头素线"，但如果栏板的合子心内做雕刻者，抱鼓上也可雕刻相同题材的图案花饰（图8-33、图8-34）。

　　抱鼓的尽端形状多为麻叶头和角背头两种式样。抱鼓石的内侧面和底面要凿做石榫，安装在柱子和地栿的榫窝内。

　　江南一带石栏杆的构成也基本相同，但略有区别，其栏板构成相比前述透瓶栏板的组成少了地栿石，做法上也将莲柱（即望柱）留榫直接卯入台口石的榫窝内稳固。即《营造法原》中石作

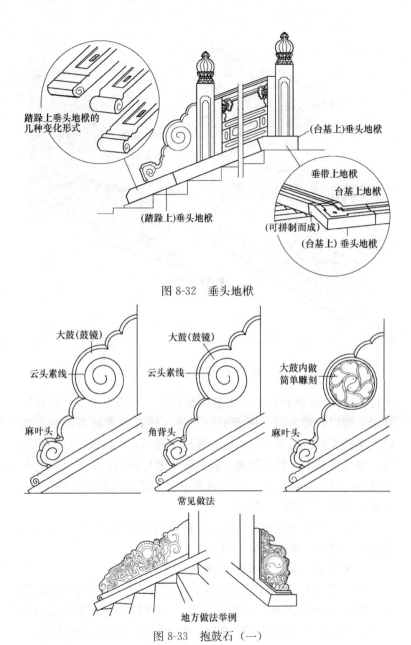

踏跺上垂头地栿的
几种变化形式

(台基上)垂头地栿

垂带上地栿
台基上地栿

(踏跺上)垂头地栿

(可拼制而成)

(台基上)垂头地栿

图 8-32　垂头地栿

大鼓(鼓镜)

大鼓(鼓镜)

大鼓内做
简单雕刻

云头素线

云头素线

麻叶头

角背头

麻叶头

常见做法

地方做法举例

图 8-33　抱鼓石（一）

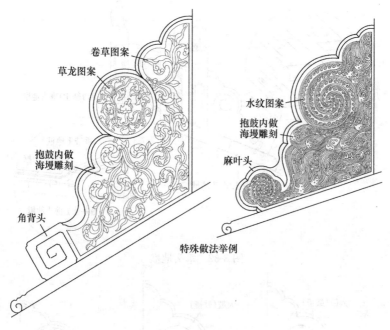

图中标注：卷草图案、草龙图案、抱鼓内做海墁雕刻、角背头、水纹图案、抱鼓内做海墁雕刻、麻叶头

特殊做法举例

图 8-34　抱鼓石（二）

栏杆描述："以整石凿空，中部作花瓶撑，上部为扶手，称石栏杆，下部栏板凿方宕，两旁辅以石柱，柱有雕莲花头，故名莲柱。莲柱及石栏之下为锁口石。莲柱于转角处，柱底作灯笼状石榫，穿锁口石中，使其坚固。锁口石与地坪石面相平，外口挑出台外约二寸，又称台口。栏杆遇阶沿时，随阶沿斜度作斜栏杆，其前置砷石。"如图 8-35 所示。

　　也有将栏板下部掏空，只留莲柱边的栏板垫脚，增大过水沟宽高，以适应江南雨水多、泄水量大的要求。

2. 石栏杆（板）的安装方法

　　（1）石栏板安装前，各个组成构件应均已按设计要求完成石活加工的制作，并已实地核对安装尺寸，如有细微偏差应在安装前及时修正。各构件需预先留设的落槽、榫及榫窝，应在安装前凿好。

　　（2）清扫须弥座上枋（或台基上阶条石）后，按设计尺寸放

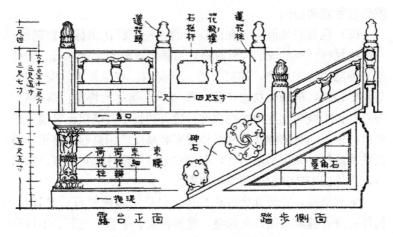

一尺四

六寸二分

三尺七寸

三尺五寸

二尺六寸

五尺五寸

蓮花頸

蓮花擺擺

石栏杆

蓮花柱

一合口

一尺

四尺五寸

束腰

高代柱 荷花辮 东额

砷石

拖泥

菱角石

露台正面

踏步侧面

图 8-35　露台石栏杆及金刚座图

样，弹出栏板中心线、望柱十字中心线和地栿石中线及安装边线。拉好平直和水平标高控制线，做好安装前的准备。

（3）安装前，可按地栿控制边线，先在上枋（阶条石）上凿好地栿石的落槽。槽内的碎渣、浮灰要清理干净，用水湿润后，摊铺薄灰浆于槽内，厚度不宜超过 10mm，然后按控制线安稳地栿石。安装时，可点撬轻拨正位、就位，用木夯夯实，边夯击边靠测水平。如有不平，应起料用铁片垫平或补灰垫平。依次逐条铺筑地栿石，相邻地栿石之间用扒锔连接成一体。

（4）地栿石稳好后，还应在地栿石上复弹栏板中心线和望柱十字中心线，待安装的望柱上四个看面也要标注出柱中心线。柱和栏板安装前应做试拼装，核验落槽、榫和榫窝的吻合情况，如有偏差及时修正。拼装吻合后，柱和栏板对应编号，安装时按编号组拼。立柱前，槽内、榫窝清理干净，湿润后铺灰浆，将望柱中心线对准地栿石上的望柱十字中心线，落槽插入榫窝内。安装时，望柱相邻两面都应用线坠吊直，有竖向偏斜时，可用铁片垫正垫稳。同时还应注意望柱有否偏转、标高是否正确，有偏转要轻拨正位，偏高要修凿到位，偏低要垫高。待都正位后，应将缝隙处塞紧塞实稳固。

（5）栏板安装前，应在已立好的望柱上标注出标高控制线，并按线复核栏板的安装尺寸标高，有偏差要修正。地栿石、望柱槽、榫窝内清理干净，铺灰于槽、榫窝内，安稳栏板。安装时，落料要轻缓，落槽时扶稳正位，落槽后点撬落入榫窝。落榫后，查看栏板中线与立柱中线吻合度，检查栏板平直情况，有偏差时轻拨归正。同时依标高控制线核对安装高度，偏高起料修正，偏低铁片塞垫，并用吊坠吊直，有偏差也可用铁片垫正垂直。安稳后，构件的安装缝隙塞紧填实稳固。

依此类推，安装其余各榀栏板，最后安装抱鼓石。安装后，构件的拼合缝隙可用油灰勾缝，缝要密实、平直、光顺，不得有毛刺、凹缝。

（六）石桥施工做法

1. 石桥的类型及组成

我国传统石桥的形式多样，其中又以明清时期的官式做法为中式传统石桥的代表，官式石桥可分为券桥与平桥两大类。券桥的主要特点是：桥身向上拱起，桥洞采用石券做法，栏杆式样做法考究精致。平桥的主要特点是：桥身平直，桥洞为长方形，栏杆式样较简。

券桥的组成主要由桥面、桥身、桥墩（台）及地基四部分组成。桥面包含石栏杆、石地坪、仰天石等，桥身由拱券石、券脸石、撞券石及背里砖（或石）砌墙等组成，桥墩（台）包括两边金刚墙及雁翅、中间分水金刚墙等，地基包含金刚墙下木桩、装板下地丁、灰土、掏当山石（桩间或地丁间碎石）、装板、牙子、牙丁（或排桩）（图 8-36～图 8-39）。

平桥相对要简单，由上至下为桥面、桥墩（台）及地基三部分。桥面有石栏杆（一般为简单的罗汉栏板）、石桥面（包括掏当桥面、掏当压面、掏当牙石、雁翅上桥面等），桥墩由两边金刚墙及雁翅、中间分水金刚墙组成，地基为装板、灰土等（图8-40～图8-42）。

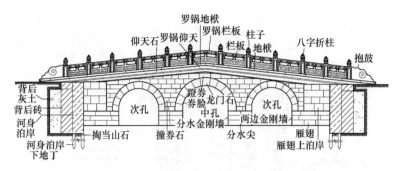

图 8-36 三孔券桥正立面

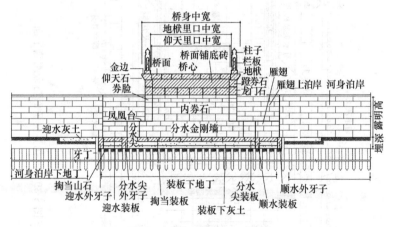

图 8-37 三孔券桥横剖面

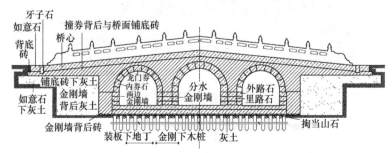

图 8-38 三孔券桥纵剖面

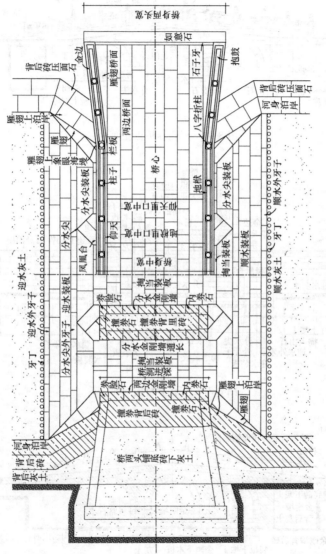

图 8-39 三孔券桥桥面与金刚墙平面

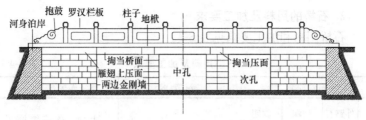

图 8-40 三孔平桥正立面

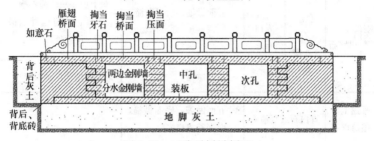

图 8-41 三孔平桥纵剖面

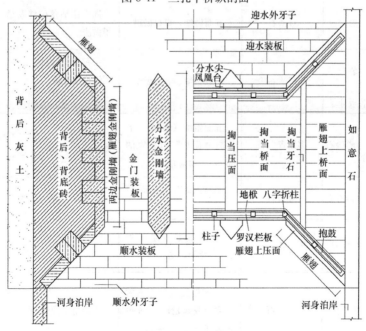

图 8-42 三孔平桥桥面与金刚墙平面

2. 石桥的用料及加工要求

石桥用料和加工要求见表 8-4。

石桥用料及加工要求 表 8-4

石料种类			凿打要求	连接方式
金刚墙	外路石	埋深　　露明	五面做细，后口做糙	上面：落磕绊槽子（最上面一块落撞券槽）；下面：凿打磕绊（最下面一层除外）
	里路石	豆渣石（花岗岩）　　青白石或豆渣石		
			六面做糙	头缝做锯齿阴阳榫
雁翅上象眼海墁石		青白石或豆渣石	五面做细，底面做糙，上面剁斧或扁光	
泊岸		豆渣石	五面做细，里口做糙	同金刚墙落磕绊及槽子做法
装板 装板牙子		豆渣石	上做做细，五面做糙	头缝做锯齿阴阳榫，用铁银锭连接
券石	券脸石	多用青白石	五面做细（剁斧），下面打"瓦垄"（很宽的道）迎面扁光	
	内券石	豆渣石	五面做细，下面打瓦垄	头缝做锯齿阴阳榫
撞券石		多用青白石	五面做细（迎面剁斧），背面做糙	
仰天石		青白石	六面做细（二迎面露明剁斧或扁光），迎面可做枭线	上面落地栿槽子

石料种类		凿打要求	连接方式
桥面牙子石	青白石或豆渣石	五面做细（上面剁斧或扁光），底面做糙	
如意石	青白石或豆渣石	上面、一肋、两头做细（上面剁斧或扁光），底面并一肋做糙	
平桥压面石		六面做细（上面剁斧或扁光）	下面：落磕绊；上面：落地栿槽
平桥桥面掏当牙石		五面做细（上面剁斧或扁光），下面做糙	两头落磕绊槽，两边的两路上面落地栿槽
栏杆	汉白玉或青白石	六面做细（五面剁斧）	做榫、落槽，地栿用铁银锭连接

3. 石桥的安装方法（以官式做法的券桥为例）

（1）安装前，券桥石构件按加工要求制作成型。土作地基完成，包括灰土、金刚墙下木桩、装板下地丁、牙丁等击打密实，桩间、地丁间掏当山石铺筑密实、平整并水平。

（2）在土作基层上放样、弹线，确定券桥各部位的准确安装位置，标识好标高控制线。按线铺灰安砌装板，装板应稳实水平。

（3）装板稳固后，拉线砌筑金刚墙及雁翅，金刚墙由加工成型的条石垒砌。砌筑前，按石料的砌法和排缝做试摆（样活），核验石料加工的尺寸，做好安装前的石料修正工作。砌筑时，先在墙转角处铺砌转角头石，两端头石需按控制线摆正、铺平，同处一个水平面齐平，然后拉通线平砌底层条石。有不平处可背山垫平，再灌浆稳实。

金刚墙垒砌时，宜逐层挂线砌筑。料石落槽后，随层检查水平和垂直以及平直，有偏差时，随砌随调平正位。砌筑时可以摊灰铺砌，也可以平砌灌浆，条石后口不平时要稳垫石片或铁片。如有里路石时，则外路石与里路石需同时砌筑。石料之间可用铁活（如铁扒锔、铁银锭）连接，料石与其他砌体之间可用铁拉扯连接。

金刚墙背后砖宜随石墙同步砌筑，便于埋设铁件连接石墙与砖砌体使之连成一体。砌墙后，可分层夯填背后灰土，灰土应夯击密实，也方便后续发券、撞券的施工。

料石砌至顶部时，面层明露部分应做细。明露砌缝均应灰浆勾缝，一般多为平缝。

（4）金刚墙砌好稳固后，接着做桥洞的发券。发券前应根据券石的有关规制画出实样，并按实样做出样板。样板经拼摆检验证实无误后，即以每块样板为准对相应的券石进行加工，并做编号标记。龙口石可以加工成半成品，两侧的肋可多留出一部分，等发券合龙时确定了精确的尺寸后再进一步加工完成。券石的露明面应剁斧、扁光或雕刻。侧面虽然可以不像露明面那样平整，但不得有任何一点高出样板。做雕刻的券石，应先经"样券"，再开始雕凿。每块石料线条接缝处的图案可适当加粗，等安装后再进一步凿打完成。

发券前还应先做出券胎，券石的券胎一般有两种。小型券胎由木工预先做好，放在脚手架或用砖临时堆砌的底座上。较大券石的券胎应先搭满堂红脚手架（图8-43），脚手架的顶面按照券的样板搭出雏形，然后由木工在此基础上钉成券胎。钉好后，在其上拼摆样板进行验核，发现误差应及时调整，券胎制成后要按照样板把每块券石的位置点画在券胎上。脚手架的搭设应按负重荷载和操作的活动荷载经过结构验算，确定脚手架的搭设方法（包括立杆、横杆、扫地杆、剪刀撑等的设置），确保安装时的架体稳固。

券胎支搭后，即可做样券、发券。小型券石可不进行样券，每块券石经过与样板校核后即可直接发券。大型券石往往

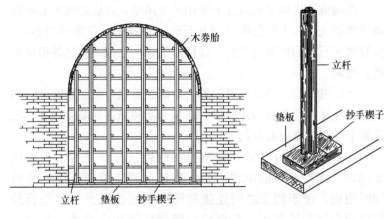

图 8-43 大型券胎

要经过样券后才能开始发券。样券时可将券石逐块平摆在地上，下面用石碴垫平，然后用样板验核，发现误差应及时修理。样券也可以立置进行，立置样券比较费事，但符合实际，更准确。发券从水平开始，由两侧向中间对应进行。就位时以券胎上事先画出的位置标记为准，并与样板相比较，发现误差应及时调整，多出样板的部分应打掉。每块券石都应用铁片垫好。券石之间的缝隙处用铁片背撧。合龙之前用"制杆"测出龙口的实际尺寸。制杆是两根短木杆，每根长度稍小于龙口的长度。使用时将两根制杆并握在手中，两头顶住两端的券石，即可量出龙口的实际长度。这种方法称为"卡制子"。按照卡出的长度画出龙口石的准确长度，进行加工，完成后即可开始合龙。合龙缝要用铁片背撧。合龙的质量与券石的坚固程度有直接关系，所以合龙缝处可适当多背撧，且一定要将撧背紧。合龙后即可开始灌浆，在灌浆之前可先灌一次清水，以冲掉券内的浮土。然后开始灌生白灰浆，讲究的做法可灌江米浆。操作时，既要保证灌得饱满密实，又要注意不要弄脏了券石表面。为此，券脸的接缝处可用油灰勾抹，也可用补石药勾缝。

浆口的周围要用灰堆围，以防止浆汁流到券脸上。

券脸或券底接缝的高低差要用錾子凿平，弄脏的地方要重新剁斧或磨光，较大的缝隙要用补石药填补找平。带雕刻的券脸，要对每块石料的接缝处进行"接槎"处理，使图案纹样的衔接自然、通顺。

（5）发券后，砌筑桥身撞券石，砌筑方法可参照金刚墙。砌筑时，应注意撞券石墙顶要按桥面顶和衔接路面标高差做坡，坡线要平顺，起坡应对称均匀。

与桥身相接的泊岸宜随撞券石的砌筑同步进行，砌法同金刚墙。撞券石和泊岸背后的砖砌体同理也应随石墙的砌筑同时组砌，便于相互之间连接稳固。背后的灰土也随砌筑的行进而分层夯填密实，直至桥面铺底砖下压实修平。灰土上铺砌桥面铺地砖，灰浆应坐实，面层随撞券石墙顶的坡向铺砌平顺。

（6）桥身安砌完成后，接着就是最后的桥面铺设。桥面石构件的主要安装顺序一般为：仰天石安砌→桥心石铺筑→其他桥面石铺设→石栏杆安装→牙子石、如意石等铺筑收边→打点、修整。安装方法可参照地面铺装和石栏杆施工方法。

多跨券桥的施工可先边跨施工，再由两边跨向中间拱券合拢。

（七）石牌楼（坊）施工做法

牌楼也称为牌坊，牌楼的建造类型很多，下面就常见的北方官式木牌楼石活和南方石牌楼做法分别加以介绍。

1. 北方官式木牌楼石活

（1）月台

月台是牌楼的台基。构件名称详见图 8-44，尺寸权衡见表8-5。

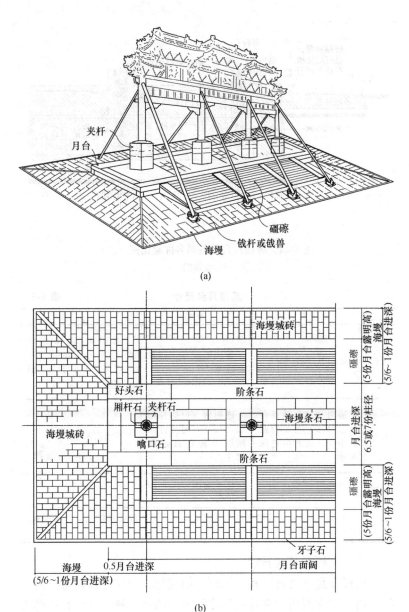

(a)

(b)

图 8-44 牌楼月台的各部名称及比例（一）

（a）木牌楼石活；（b）平面图

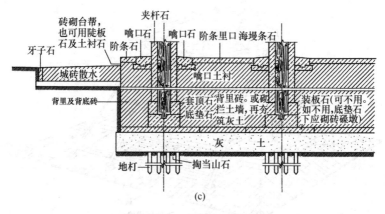

(c)

图 8-44　牌楼月台的各部名称及比例（二）

（c）立面图

牌楼月台尺寸　　　　　　　　　　表 8-5

	进深	面阔	高
月台	6.5 或 7 份柱径	各柱通面阔，加月台进深尺寸	露明高：1/40 中柱高，但不小于 5 寸。埋深：不小于 1.4 倍露明高
海墁	通进深（包括月台所占尺寸）为 3 份或略小于 3 份月台进深尺寸	通面阔（包括月台所占尺寸）为月台面阔加 2 份月台进深尺寸	泛水高不小于 5%
礓磋	每侧礓磋进深为 5 份月台露明高	柱子通面阔加 1 份垂带宽	
灰土	灰土步数：用砖礓墩者按 1/2 管脚顶宽，用装板石者按 1/3 管脚顶宽。每管 1 寸，得灰土 1 步		

（2）夹杆石及其石活

夹杆石是"夹杆"和"厢杆"的统称。当柱子较粗时，为节约石料，常在两块"夹杆石"之间再加两块石料，这块石料称为"厢杆"，其做法与夹杆相同。夹杆石具体做法见图 8-45；尺寸权衡见表 8-6。

110

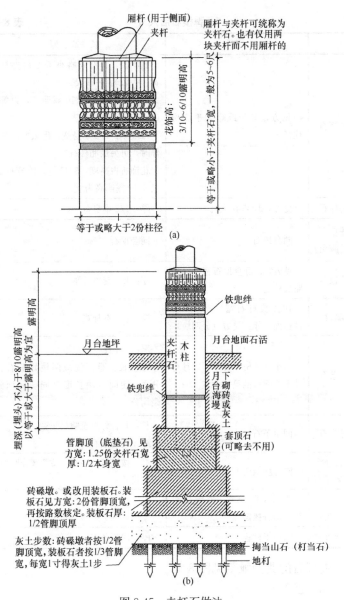

图 8-45　夹杆石做法

(a) 夹杆石露明的做法；(b) 夹杆石埋深的做法

	宽	长、高、厚
夹杆石	见方，等于或略大于 2 份柱径	露明高：2 份或略小于 2 份夹杆石宽，一般为 5～6 尺。 埋深：不小于 8/10 露明高，以等于或大于露明高为宜。 每块厚：1/2 本身宽，但太厚不易制作时，可另加厢杆石。 花饰所占高度：3/10～6/10 露明高，以 5/10 露明高为宜
套顶石	见方，1.25 份夹杆石宽	厚：1/2 本身宽
底垫石（管脚顶）	同套顶石	同套顶石
装板石	见方，2 份套顶石宽，再按路数核定	厚：1/2 套顶石厚
嗛口	10/6 夹杆石宽，或按 4 份柱径加 4 寸，见方（分两块）	厚：1/4 本身宽
阶条石	不小于 3 份本身厚，以月台外皮至嗛口的尺寸为宜	厚：1/4 柱径，但不小于 4 寸。 每块长：通面阔减两块好头石长，分之，明间一块长度需同明间面阔，余均分
好头石	同阶条石	长：月台外皮至嗛口里端 厚：同阶条石
月台外海墁牙子石	同海墁城砖宽	高：按城砖"一平一立"（砖厚加砖宽）尺寸
阶条里口海墁条石	不大于阶条宽，路数要单数，均分核定	厚：同阶条石
礓磜垂带	略小于柱径	厚：同阶条石

夹杆石的典型雕刻见图 8-46。

（3）戗石

为加强木牌楼的稳定性，牌楼两侧木柱会加两根斜木柱进行支撑。斜木柱下方会有一块石活顶住木柱，称之为"戗石"。较

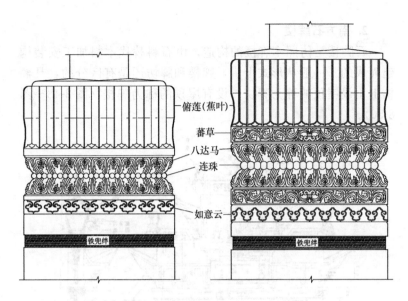

俯莲(蕉叶)

蕃草

八达马

连珠

如意云

铁兜绊   铁兜绊

图 8-46　常见的两种夹杆石雕刻

为讲究的"戗石",可作为异兽形象,称之为"戗兽"(图8-47)。

图 8-47　戗兽

2. 南方石牌楼

石牌楼是仿照木牌楼的构造，由石料替代木料加工安装构建而成的。一般从形式上讲，牌楼和牌坊还是有区分的，凡额枋上不设屋顶的称为牌坊，设有屋顶的称为牌楼（图 8-48～图 8-50）。

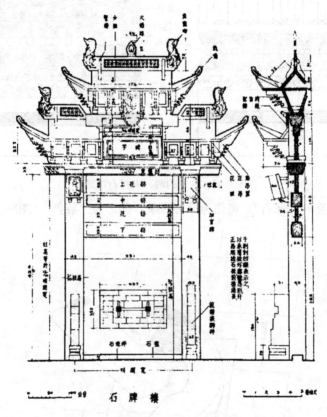

图 8-48　两柱一间三楼不出头式牌楼

（1）石牌楼的形式和组成

石牌楼从形式上来分有两类，一类称"冲天式"，也称"柱出头式"，这类牌楼的明间坊柱是冲出明楼楼顶的。另一类是

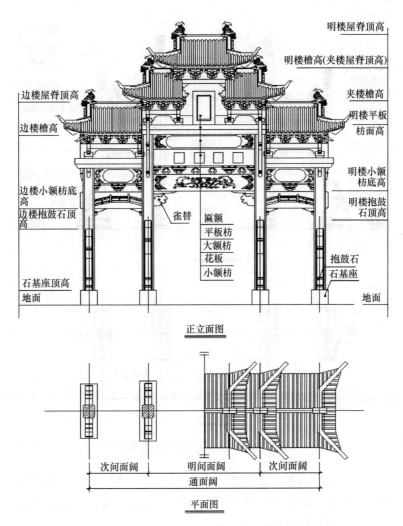

图 8-49　四柱三间五楼不出头式牌楼

"不出头"式，这类牌楼的立柱在平板枋下，明楼楼顶是牌楼最高处。无论柱出头还是不出头，都有"二柱一间"、"四柱三间"、"六柱五间"等形式。顶楼越多，越复杂，而坊柱越不出头，顶楼数与开间数相同，则坊柱比较容易出头。

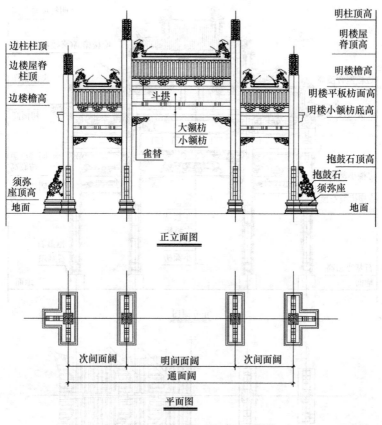

图 8-50 四柱三间三楼冲天式牌楼

石牌楼的基本构造由基础、立柱、枋和花板、匾额、檐楼等组成，石构件之间都以榫卯连接，主要是穿插和叠放的合理利用，将牌坊各构件连成一体。

1）基础。是牌楼稳定的基石，包括地下和地面两部分。地面部分由条形石基座及其上的抱鼓石或蹲狮组成，基座可为须弥座式，也可以是简单的方条形石台座，也有用仿木牌楼的夹杆石。基础地下部分传统做法自上而下依次为：立柱埋深（或夹杆石）下套顶石、柱顶石、砖砌磉墩、灰土、素土夯实（也可加打地丁）。现代做法都采用钢筋混凝土杯形基础，立柱插入杯口内，安装整好后用细石混凝土灌实杯口稳固。还有些石牌楼立柱伸入石台基（或须弥座）中，石台基稳在其下的土衬石上、石下或砖磉墩、钢筋混凝土墩上。

2）立柱。是连接横向枋、花板支撑牌坊整体的重要构件。立柱一般为方形或矩形，也有八角形的。立柱通常都是整根直通到顶，与枋板连接处开卯口，衔接枋板榫头。冲天牌楼立柱顶部常刻毗卢帽状或刻承露盘，上置"朝天吼"或"神狮"等瑞兽，个别石牌楼立柱过长用戗柱石将立柱前后撑实，以保证牌楼上部的稳固。

3）枋和花板。是横向受力的重要构件，做法各地有别，其上多雕饰纹样。主要包括小额枋及其下的雀替、折柱花板、大额枋、平板枋等，以榫接与立柱相连成一体，将横向承重传力给立柱。

4）匾额。用于牌楼上题刻文字的牌匾，用作书刻牌楼名称和旌表内容及建楼记载等，一般设在明间额枋或花板的中间，也有设在龙门枋上部中间，两边是高拱柱，上面是平板枋。

5）檐楼。牌楼的檐楼是仿木构的石斗拱和其上的出檐楼盖，起遮雨和装饰作用，由斗拱、楼顶、脊兽等组成。因石料相对于木料来说比较笨重，且不易加工，所以出檐较小，这样相对增加了稳定性，所以多数石牌坊不用戗柱。仿木构的形式也做了简化，有的构造复杂的斗拱也简化成象征性的仿木构示意做法，有如简化了的斗拱偷心做法一般，拱间设花板连系。当然也有些石牌楼完全仿照木构构造，斗拱前后出挑上托檐檩，檩上承托椽板，板上雕凿石瓦，瓦上有屋脊，脊上配吻兽，多为庑殿或歇山式屋顶，石面上布满雕饰，极尽繁琐。

牌楼的檐楼在明间的为明楼，在次间的为次楼，在稍间的为稍楼，在边柱的为边楼，在边柱以外悬空的为翼楼或跨楼，在明楼与次楼、次楼与稍楼之间的为夹楼。

石牌楼各部石构件的每面均应细做（剁斧或扁光），构件相连处均应做卯口或榫，枋、花板、匾额、雀替、抱鼓石等构件常饰有雕刻，雕饰纹样繁简各异。

（2）石牌楼的安装方法

1）安装前，牌楼石构件按要求加工制作成型，构件搭接处的榫卯已留设好，一般构件榫长控制在 8cm，卯深控制在 10cm，左右留出灌浆的余量，需雕刻饰面的构件已凿刻完成。土作地基已完成，包括传统做法的砖磉墩、灰土、地丁（有需要的话）、夯土地基等或现代做法的夯土地基、块石底垫（有需要的话）、混凝土垫层、钢筋混凝土基础（一般为筏板基础，立柱处加设杯口，杯口间地梁连系）。

2）安装前，还应对牌坊构件做预拼装，特别是柱、枋、板类相互穿插卯榫的构件应预先做试拼，检查构件榫卯的相互吻合度。拼装构件均应标识好各自的中轴线或弹好中轴墨线，可在平地按实际尺寸同比例放实样并弹好墨线，按线摆样，逐件试拼装。试拼时，相互拼装构件的中轴线应重合，保证拼合处位置正确。有不平处可用垫木搁垫平整，保证构件榫卯穿插搭接时相互吻合的准确性。

3）安装牌坊时，第一步先在基层上按龙门板的定位放样、弹线，定出牌坊的准确位置，包括立柱和磉墩基座。弹出牌坊中轴线、立柱十字轴线、基础基座的边线。标识好标高控制线，核对土作基础面层的标高，面层应处在同一水平面上。

4）接着可安装柱顶石，安装前柱顶石面上先弹出十字中心线，并将线垂直引在四个肋面上。按磉墩上的轴线、边线对准合线安装，柱顶石面上与磉墩上的十字轴线必须对齐重合，准确就位。

安装时应拉通线和标高控制线，随时核对每个柱顶石的轴线和水平、标高。小型柱顶石（两人可抬起）可直接铺坐灰浆安装，木夯墩实，墩击时随时靠测水平，跟线后即安装到位。大型柱顶石可先稳垫就位后，灌浆密实，具体可参照台基柱顶石安装方法。套顶石安装可参照柱顶石安装，各柱顶石、套顶石安装后必须处在同一轴线、同一水平标高。

5）在安装柱顶石的同时，可搭设牌楼安装脚手架和立柱吊装时的临时稳固架体，架体应随牌楼构件吊装的进程同步跟随支搭。脚手架应按规范搭设，立杆必须落脚在坚实地面的厚实垫块上，确保架体稳定。脚手架仅为构件安装时操作人员站立操作和移动行走之用，严禁在架体上搁置石料构件及堆放其他辅助材料。

6）石牌楼的柱、板、枋等大型构件均为石料，高大而沉重，因此安装时必须采用辅助吊装。传统吊装方法可用抱杆与绞磨起重，也可用倒链提升起吊等方法，用这些方法起吊石料，安全性和工作效率都较低。现代普遍采用机械吊装，一般多采用汽车吊作起吊工具，进行吊装作业，汽车吊使用安全、方便灵活、工作效率高。

7）牌楼石构件吊装作业首先是明间立柱吊装，起吊绳一般选用扁平吊装带，它与被起吊的石构件贴合度好，不易滑脱，因其质软，在起吊时即使吊带勒紧也不会对起吊构件表面造成损伤。立柱起吊的吊带捆绑位置一般离柱头 1/3 处，也可做试吊确定位置，主要是保证起吊时，既能使立柱直立方便安装，又能使吊带捆扎牢固，不出现滑移，确保起吊安全。

起吊前应在立柱顶部绑缚缆风绳，缆风绳可设 3~4 道，作为立柱起吊安装时的临时稳固之用。立柱起吊直立后，提升移位，对准套顶石卯口，调整柱子垂直度，按卯口位子摆正方向后，缓慢落入卯口中。落柱前先在卯口底铺一层灰浆，灰浆应较稠以干硬性为宜，厚度控制在 1cm 以内。立柱插入卯口内落底前，应仔细校对立柱中轴和套顶石中轴有无对齐，校正后慢落到卯口底部稳住，并用钢楔插入柱与卯口四周间的空隙处，作临时稳固。

然后对立柱的平面位置和垂直度进行检查和校正工作。平面位置的检查主要是柱身中轴与套顶石中轴的对齐，有细小偏差时，可略松钢楔，拨动柱身正位，再复打钢楔临时稳固。垂直度检查和校正方法可参照前述八、（三）中台基定位放线里的古建筑石作垂直度测量的内容。

立柱校正完毕就位正确后，应在柱周自立柱枋下至地面之间加设 3～4 道抱柱杆，杆两端与安装临时稳固架体连接固定，以防立柱发生摆动移位。柱顶部的缆风绳应拉紧固定在地面的锚固桩上，防止立柱因意外造成摆动倾覆等。有了这两道保障后，才可取下吊带，立柱正式落稳。柱与卯口间的空隙可用石碴塞紧后，取出钢楔，灌浆密实并用油灰勾缝密封，也可用现代的高强细石混凝土灌注捣实。按同法吊装另一根明间立柱就位。

8）立柱吊装就位后，安装小额枋下的雀替。先在柱上标识出轴线、雀替安装边线和标高，并在柱上预留的雀替卯口底铺坐灰浆，将雀替榫头对准卯口，对齐轴线和标高插入稳住，然后用夹具临时固定在柱上。

接着起吊小额枋，吊带的绑缚位置一般设在小额枋两端的1/4 处，吊带绑点应尽量在枋顶面的轴线上。如用单根吊带起吊，吊钩挂点应在吊带的中点处；如用两根吊带起吊，应选用相同规格尺寸的吊带，绑缚点要对称，绑缚后吊带留长尽可能相等，确保起吊时构件平稳，尽量使小额枋在起吊状态时枋的顶、底面水平，枋的正、背面垂直，便于安装时枋两端的榫落入柱两侧的槽口没有磕绊，容易就位。起吊后，对准立柱两侧槽口，摆正位置稳住后慢慢落槽，接近下方雀替顶面时稳住，枋两端各自对齐轴线和边线后落下，与柱间隙处石碴塞紧，以防移动偏位。

9）小额枋吊装后，接着可按同法吊装花板、大额枋。花板落槽后，先在小额枋两端放两块小方木作为垫木，临时搁垫花板，待吊带松扣取下抽出后，用铁撬棒撬住花板，取出垫木，再慢慢收力松撬棒，快落到枋顶面时对齐轴线点撬入位，另一端也依此操作。

大额枋按上述同法操作，落槽就位，枋顶面应与柱顶面相平。接着即可灌浆密实，灌浆前用清水冲洗，柱、枋、板之间的拼装缝隙用石膏浆勾缝锁口，可将立柱顶面穿插大额枋的卯口做灌浆口，堆灰灌浆密实，油灰勾缝密封。

灌浆后柱、枋顶面需清理干净，然后吊装平板枋，方法同额枋。枋底两端的卯口对准柱顶的榫下落，快贴近时要对齐轴线，摆正位置，落榫就位。

10）平板枋安稳后，安装斗拱。先安坐斗，枋上坐斗卯口处弹出十字中线，卯口内铺坐灰浆，将坐斗底部留榫插入卯口对齐十字中线安平。依次安平其余坐斗，拉通线必须平齐处于同一水平。然后拼装斗上拱（或昂）料以及拱间花板等。

待斗拱、花板稳固后上铺平屋板，板上落有仔口，板底卯口应落入拱顶留榫，对准中轴后摆平落正并靠测水平，板面应铺设水平。平屋板上口以及板面两侧落山花处（歇山屋顶）要设仔口，先安装两侧山花板，山花板中线对准板面中轴线落入仔口内安稳，如屋顶板为数块拼接，应在拼接处加设山花板状搁垫石，并落入平屋板上的仔口内稳实。

然后吊装屋顶板，应两面同时吊装，同时铺筑屋顶板于山花板和垫石上并落入平屋顶板上的仔口，稳平稳实。然后拼接屋脊和吻兽，所有接缝处油灰勾缝密封。

11）明间牌楼吊装完成后，再按同法吊装次间、稍间牌楼构件。也可将明间、次间、稍间的柱、枋、板等构件的吊装依次穿插进行。

12）构件吊装完成，脚手架落架后，应做地下基础埋深的背里砖和石台基下的砖基砌筑。同时组砌至台基下土衬石底，砖基面应水平，其上按轴线和土衬石安装边线拉通线铺筑石台基下土衬石。土衬石安好稳实后，再稳安石台基和抱鼓石，立柱和台基面与抱鼓石相接处应留槽口，抱鼓石落槽安装，落正稳实后接缝处灌浆密实，油灰勾缝密封，地面石（或砖）墁地铺平。

最后，打点整修，清洗干净。当然，现代施工中铺坐灰浆多用水泥砂浆，也有用环氧树脂、云石胶、结构胶等高强胶粘材料拼接、固定石构件，这些方法在文物修缮时应谨慎使用。

九、古建筑石材吊运安装

吊装是指吊车或者起升机械对设备、设施安装、就位的统称，在检修或维修过程中利用各种吊装机具将设备、工件、器具、材料等吊起，使其发生位置变化。

（一）吊 装 设 施

1. 传统的吊装设施

主要有扛抬与点撬、斜面摆滚子、抱杆与绞磨起重、吊秤起重以及近代常用的倒链提升。

2. 现代的吊装设施

一般常用的起重机械为桅杆式起重机、自行式起重机和塔式起重机。自行式起重机是建筑安装工程中构件吊装常用的起重设备，可分为履带式、汽车式、轮胎式起重机。汽车式起重机因其方便灵活，可由城市道路直接驶入施工工地，进出方便不需用其他运载工具，是古建筑工程施工中构件吊装作业最常使用的起重设备。

（二）吊装方法和注意事项

1. 传统的吊装方法

（1）扛抬与点撬

扛抬与点撬可以作为搬运石料的手段，也可以作为提升石料的手段。尤其是中小型石料，搬运、提升，以及安装就位往往可由扛抬一次完成。中、小型石料的原位 30cm 以内的升高，多用点撬的办法完成。操作时应随撬随垫，逐渐升高（图9-1）。

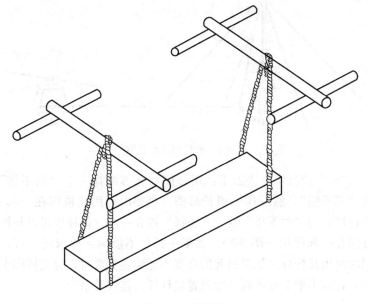

图9-1　扛抬石料

（2）斜面摆滚子

将厚木板的一端搭在高处，另一端放在地上，使木板与地面形成仰角，然后在斜面上用摆滚子的方法将石料移至高处，滚运时要用撬棍在下方别住，以免滚落。

（3）抱杆与绞磨起重

抱杆起重适于较大型的石料起重或将石料提至较高的位置。具体方法是在地上立一根杉槁，顶部拴四根大绳，向四方扯住，这四根大绳称为"晃绳"，晃绳应既能扯住抱杆，又能随时做松紧调整，每根晃绳各由一人掌握，服从统一指挥。在抱杆的上部还要拴上一个滑轮，大绳或钢丝绳从滑轮上通过，绳子的一端吊在石料上，一端与绞磨相连，转动绞磨，石料就能被提升起来了（图9-2）。

（4）吊秤起重

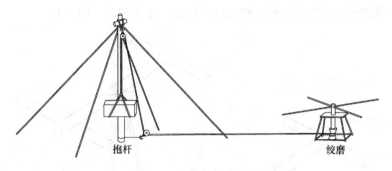

图 9-2　抱杆与绞磨起重

"秤"的制作方法如下：用杉槁和扎绑绳拴一个"两不搭"或"三不搭"，然后用一根长杉槁（必要时可用几根绑在一起）作秤杆，与"两不搭"或"三不搭"连在一起。秤杆也可以与抱杆连在一起使用（图 9-3）。如果一杆秤不能满足要求时，可以同时使用几杆称。如果吊起的高度不能满足要求时，应支搭脚手架，在脚手架上分不同高度放置数杆秤，连续升吊。

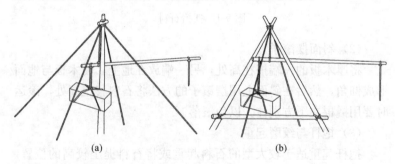

图 9-3　吊秤起重

（a）抱杆吊秤；（b）"两不搭"吊秤

（5）倒链提升

近代常使用"倒链"提升石料，这种方法安全可靠，操作方便，是石料起重的常用方法。

2. 现代起重设备的吊装方法

（1）吊装捆绑方法

1）平行吊装绑扎法

平行吊装绑扎法一般有两种。一种是用一个吊点，仅用于短小、重量轻的物品。在绑扎前应找准物件的重心，使被吊装的物件处于水平状态，这种方法简便实用，常采用单支吊索穿套结索法吊装作业。根据所吊物件的整体和松散性，选用单圈或双圈穿套结索法，见图9-4。

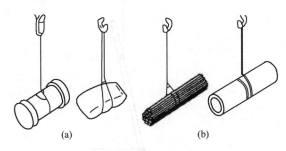

图9-4　一个吊点

（a）单圈穿套结索法；（b）双圈穿套结索法

另一种是用两个吊点，这种吊装方法是绑扎在物件的两端，常采用双支穿套结索法和吊篮式结索法，见图9-5。

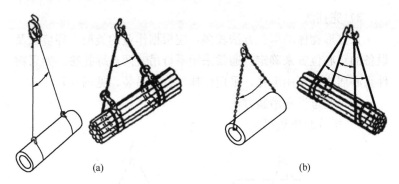

图9-5　两个吊点

（a）双支穿套结索法；（b）吊篮式结索法

2）垂直斜形吊装绑扎法

垂直斜形吊装绑扎法多用于物件外形尺寸较长、对物件安装有特殊要求的场合。其绑扎点多为一点绑法（也可两点绑扎）。绑扎位置在物体端部，绑扎时应根据物件质量选择吊索和卸扣，并采用双圈或双圈以上穿套结索法，防止物件吊起后发生滑脱，见图 9-6。

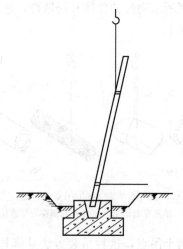

图 9-6　垂直吊装绑扎

3）兜挂法

长方形物体的绑扎方法较多，应根据作业的类型、环境以及设备的重心位置来确定。通常采用平行吊装两点绑扎法。如果物件重心居中可不用绑扎，采用兜挂法直接吊装，见图 9-7。

（2）起重设备吊装方法

1）塔式起重机吊装

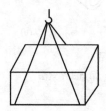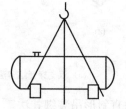

图 9-7　兜挂法

起重吊装能力为 3~100t，臂长为 40~80m，常用在使用地点固定、使用周期较长的场合，较经济。一般为单机作业，也可双机抬吊。见图 9-8。

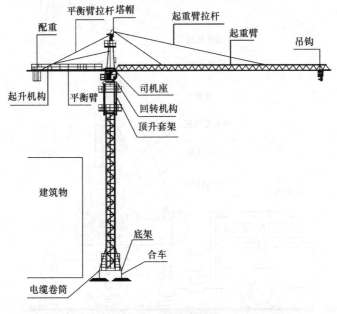

图 9-8　塔式起重机

2）汽车式起重机吊装

有液压伸缩臂，起重能力为 8~550t，臂长为 27~120m。有钢结构臂，起重能力在 70~250t，臂长为 27~145m。机动灵活，使用方便。可单机、双机吊装，也可多机吊装。见图 9-9。

3）履带式起重机吊装

起重能力从数十吨到上千吨，臂长可达上百米。中、小重物可吊重行走，机动灵活，使用方便，使用周期长，较经济。可单机、双机吊装，也可多机吊装。见图 9-10。

4）桅杆系统吊装

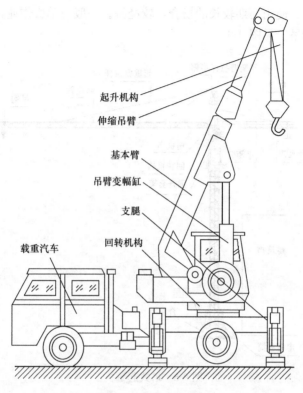

起升机构

伸缩吊臂

基本臂

吊臂变幅缸

支腿

回转机构

载重汽车

图 9-9　汽车式起重机

通常由桅杆、缆风绳系统、提升系统、拖排滚杠系统、牵引溜尾系统等组成。桅杆有单桅杆、双桅杆、人字桅杆、门字桅杆、井字桅杆。提升系统有卷扬机滑轮系统、液压提升系统、液压顶升系统。有单桅杆和双桅杆滑移提升法、扳转（单转、双转）法、无锚点推举法等吊装工艺。见图 9-11、图 9-12。

5）利用构筑物吊装法

即利用建筑结构作吊装点（必须对建筑结构进行校核，并征得设计同意），通过卷扬机、滑轮组等吊具实现设备的提升或移动。

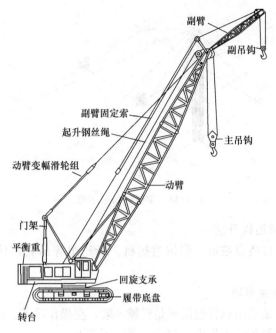

图 9-10　履带式起重机

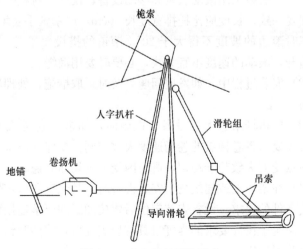

图 9-11　人字桅杆吊装示意

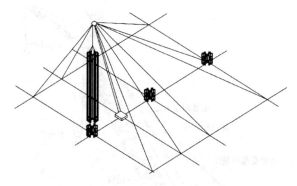

图 9-12　单桅杆吊装示意

6）坡道提升法

即通过搭设坡道，利用卷扬机、滑轮组等吊具将构件提升就位。

3. 注意事项

不论是采用扒杆起吊或是机械吊装，在操作设备、设施的安装、运输等各项工作中，都应注意以下几点：

（1）土法施工用滚动法装卸移动设备、设施、材料时，滚杠的粗细要一致，长度应比托排宽度长 50cm，严禁戴手套填滚杠。装卸车时滚边的坡度不得大于 20°，滚道的搭设要平整、坚实，接头错开，滚动的速度不宜太快，必要时要用溜绳。

（2）安装过程中，如发现问题应及时采取措施，处理后再继续起吊。

（3）用扒杆吊装大型设备、设施时，如多台卷扬机联合操作，必须要求各卷扬机的卷扬速度大致相同，要保证设备、设施上各吊点受力大致趋于均匀，避免因受力不均而失稳。

（4）在架体上或建筑物上安装设备时，其强度和稳定性要达到安装条件的要求。设备安装定位后要按图纸的要求连接紧固或焊接，满足了设计要求的强度且具有稳固性后，才能脱钩，否则要进行临时固定。

（三）吊装作业安全

1. 防止起重机倾翻

（1）吊装现场道路必须平整坚实，回填土、松软土层要进行处理。如土质松软，应单独铺设道路。起重机不得停置在斜坡上工作，也不允许起重机两边一高一低。

（2）严禁超载吊装。

（3）禁止斜吊，斜吊会造成超负荷及钢丝绳出槽，甚至造成拉断绳索和翻车事故。斜吊还会使重物在脱离地面后发生快速摆动，可能碰伤人或其他物体。

（4）绑扎构件的吊索需经过计算，所有起重工具，应定期进行检查，对损坏者做出鉴定。绑扎方法应正确牢固，以防吊装中吊索破断或从构件上滑脱，使起重机失重而倾翻。

（5）不吊重量不明的重大构件设备。

（6）禁止在六级风（及以上）的情况下进行吊装作业。

（7）指挥人员应使用统一指挥信号，信号要鲜明、准确。起重机驾驶人员应听从指挥。

2. 防止高空坠落

（1）操作人员在进行高空作业时，必须正确使用安全带。安全带一般应高挂低用，即将安全带绳端的钩环挂于高处，而人在低处操作。

（2）在高空使用撬扛时，人要立稳，如附近有脚手架或已装好构件，应一手扶住，一手操作。撬扛插进深度要适宜，如果撬动距离较大，则应逐步撬动，不宜急于求成。

（3）工人如需在高空作业时，必须按规范搭设操作脚手架。

（4）如需在悬高空的顶梁上行走时，应在其上设置安全栏杆。

（5）登高用的梯子必须牢固，使用时必须用绳子与已固定的构件绑牢，梯子与地面的夹角一般为 $65°\sim70°$ 为宜。

（6）操作人员在脚手板上通过时，应思想集中，防止踏上挑头板。

（7）操作人员不得穿硬底皮鞋上高空作业。

3. 吊装作业"十不吊"原则

（1）被吊物重量超过机械性能允许范围不准吊。

（2）信号不清不准吊。

（3）吊物下方有人站立不准吊。

（4）吊物上站人不准吊。

（5）埋在地下的物品不准吊。

（6）斜拉斜牵物不准吊。

（7）散物捆绑不牢不准吊。

（8）零散物不装容器不准吊。

（9）吊物重量不明、吊索具不符合规定不准吊。

（10）五级以上大风、大雾天影响视力和大雨雪时不准吊。

十、古建筑石作质量通病与防治

（一）石料表面加工

1. 石料表面加工粗糙

（1）现象

石料表面剁斧后，斧印不直顺、不均匀、不细密。要求磨光的石料表面仍有明显不平之处。

（2）原因分析

1）剁斧用的工具未经常修理打磨。

2）剁斧的遍数少，未达到二遍斧以上的要求。

3）剁斧不认真，盲目追求进度，致使斧印间距过大。

4）表面要求磨光的石料，对用机械锯石料时留下的锯痕未做处理。或局部锯痕过深，无法处理。

（3）防治措施

1）斧刃应随时磨平磨尖，必要时应重新淬火。

2）除设计有要求外，剁斧的遍数应为三遍，每遍均应剁两次。

3）与经济利益挂钩，对只追求速度不注意质量的做法予以经济处罚。

4）采用机械锯开的石料时，应加强验收工作。锯痕过深，无法补救的石料应予退货。

2. 机械加工取代部分甚至大部分手工加工，没有传统工艺特征

（1）现象

石料表面工艺质感生硬，石纹肌理观感差，机械切割锯痕明显。机械剁斧斧印倾斜、不均匀，上下层斧印接槎明显。留出的金边宽窄不一，边线不整齐甚至成锯齿状。

（2）原因分析

1）石材切割面直接作为成品料的磨光面使用，表面有锯痕甚至很明显。

2）石材切割面上直接做剁斧、打道加工，石料加工的成品表面无手工加工的糙麻感，甚至表面显现明显锯痕。

3）金边没有按规格尺寸统一划线，依线加工。

4）机械剁斧时，石料在行车上摆放不平直，行车运行速度不统一、不匀速，剁斧位置调节不准等。

（3）防治措施

1）查看石料切割面并做挑选，明露面锯痕明显的弃用或将有锯痕处锯掉改作小料他用。

2）可先将石料切割面做糙面处理，再做表面剁斧或打道加工。

3）表面加工时先划出金边线，再齐线加工。

4）明露面层改用手工加工。

（二）石 构 件 安 装

1. 廊门桶阶条石宽度不符合要求

（1）现象

硬山建筑两山廊门桶处的阶条石，宽度仅为12～15cm。而正常情况下应为30cm以上。除此之外，在这块阶条石的里侧，山面檐柱顶与金柱顶之间，本应还有一块卡子石也常常被砖墁地代替。

（2）原因分析

硬山建筑的山面有墙体，此墙从台明外皮退进的尺寸（金边）也只有1～2寸。两山的阶条石，其露明部分也就只有1～2寸，其余都被压在墙下。这一段的阶条石通常被加工得较窄，以节省石料。加工者往往会忘记廊门桶一段是没有墙的，地面完全被暴露出来，此段的阶条石本应按实际的宽度加工。委托加工者也没有注意到这一点，以致出现上述现象。里侧未安装卡子石，多数原因是设计人或施工人不了解这一传统规矩。

（3）防治措施

委托加工时应向加工单位特别说明，加工料单上应单独列出其名称和尺寸。

2. 台明侧表面不平齐

（1）现象

阶条石、角柱石凸出于砖砌台明或陡板石的表面。

（2）原因分析

1）设计人或施工人不知如何搞平，而凸出在外的做法可使小的误差不易看出，因而索性将其凸出在外。

2）明知故犯图省事。

3）设计人或施工人不知平齐的做法才符合传统规矩（唐、宋建筑除外），看到别人这么做，误以为应凸出在外。

（3）防治措施

1）安装角柱石、阶条石时，其外皮线应以砖砌台明或陡板石外皮为准。

2）安装中如发现角柱石、阶条石的棱线不能与砖砌台明或陡板石表面完全重合，不应以墙面或陡板石表面不平的凸出部分为准。同时应注意石活不能有凹进墙面的部分。待其牢固后，用石匠工具"扁子"沿角柱石、阶条石、陡板石的边棱将凸出的部分打平。如为砖砌台明做法，还要用瓦匠工具"磨头"将交接处高出的砖表面磨平。

3. 石活与砖墙表面不平齐

（1）现象

压面石、腰线石、角柱石、挑檐石等凸出于砖墙表面。

（2）原因分析

1）设计人或施工人不知如何搞平，而凸出在外的做法可使小的误差不易看出，因而索性将其凸出在外。

2）明知故犯图省事。

3）设计人或施工人不知平齐的做法才符合传统规矩（唐、宋建筑除外），看到别人这么做，误以为应凸出在外。

（3）防治措施

1）安装压面石、腰线石、角柱石、挑檐石时，其外皮线应以墙外皮为准。

2）安装中如发现石活棱线不能与砖墙表面完全重合，应将墙面不平的凸出的部分打平，并用"磨头"将交接处高出的砖表面磨平。

（三）石挡土墙砌筑

1. 浆砌石通缝

（1）现象

石砌墙体各面砌缝连通，尤其是在转角处及沉降缝处。

（2）原因分析

1）石块不规则，砌筑时又忽视左右、上下、前后的砌块搭接，砌缝未错开。

2）施工间歇留斜槎不正确，未按规定留有斜槎，而留马牙形直槎。

（3）防治措施

1）加强石料挑选工作，注意石块左右、上下、前后的搭接，必须将砌缝错开，特别注意相邻的上下层错开。

2）转角处及沉降缝处改丁顺叠砌为丁顺组砌，施工间歇必须留斜槎，留槎的槎口大小要根据所使用的材料和组砌方法而定。

2. 浆砌石内部结构松散不牢固

（1）现象

砌体内外两张皮、互不联接，石块间砂浆粘结不牢，石块间砂浆不饱满，砌体结构松散。

（2）原因分析

1）石块间叠压、搭接少，未设丁石。

2）砌筑未采用坐浆法或灌浆不饱满。

3）灰浆强度不够。

4）每工作班砌筑高度超过规范规定。

（3）防治措施

1）优选石料，严格掌控灰缝大小在规范要求范围内。

2）采用坐浆法或挤浆法砌筑，如灰浆用水泥砂浆，则不能采用灌浆法施工。

3）按配合比要求拌制砂浆，采用砂浆拌合机拌料。

4）每工作班砌筑高度应按规定执行，石料表面清理干净。

3. 石砌墙面不平整、垂直度偏差大

（1）现象

浆砌石大面凹凸不平，垂直度超出设计及规范标准，局部面石本身不平。

（2）原因分析

1）面石选石料不当。

2）砌筑时未挂线，或挂线不准，或砌筑过程中未经常检查挂线偏差。

（3）防治措施

1）优选表面平整的石料做看面。

2）砌筑过程中必须挂线，经常检查挂线偏差。

3）砌体较高时搭设脚手架，改善作业条件，增加砌筑的准确度。

4. 勾缝灰浆剥落

（1）现象

勾缝砂浆在砌体完成不久即脱落。

（2）原因分析

1）勾缝砂浆质量不符合要求，水泥用量过多或过少。

2）砌体灰缝过宽造成勾缝面积大，水泥凝结后收缩严重。

3）勾缝时间晚于砌筑完成时间过长，底缝表面污染。

4）勾缝后未及时养护。

（3）防治措施

1）严格控制勾缝砂浆质量。

2）砌体灰缝控制在规范允许范围内。

3）砌筑完成后马上进行勾缝，如停留时间较久，应在勾缝前认真进行表面清理。

4）勾缝后及时、认真进行养护。

（四）石地坪铺装

地坪铺装中常见的质量通病有石材空鼓，缝隙宽窄不均匀，色泽深浅、图案纹理差异大，表面平整度超标，成品保护不好，缺棱掉角等现象。

1. 石材板面色泽深浅不一，图案纹理差异大

（1）原因分析

1）未根据实际需用面积认真计算，铺筑后因数量不够而二次采购，开采点、批次不同。

2）未进行认真挑选、试拼，在同一铺贴范围、区域内，色泽、纹理差异过于明显。

（2）防治措施

1）根据实际需用面积，按颜色、规格、尺寸分别计算其需用数量，并考虑适当数量的损耗。加工单送出之前，由专人进行复核，确定无误后，方可送往厂家进行加工。

2）铺筑前应根据色泽的深浅进行挑选，并按设计要求试拼，将颜色基本一致而数量较大的同批石材铺筑在大面显眼处，少量颜色有差异者铺在小面或边角处，以保证整体观感效果。

2. 石材铺贴空鼓

（1）原因分析

1）板材未经过湿润与冲洗，其背面有石粉层，形成与粘结用水泥砂浆间的隔离层。

2）粘结层水泥砂浆及水泥浆铺得高低不平或过薄，石材就位后不密实，在砂浆低凹处形成空鼓。

3）基层未经认真清理和湿润，造成粘结层的水泥砂浆与基层粘结不牢固。

（2）防治措施

1）基层与花岗石铺贴前需经湿润，板材背面冲刷干净，不得有石粉或其他污物。

2）采用坐浆铺筑，灰浆应为半干状，手握成团，落地散开。灰浆要铺平拍实，铺灰厚度宜比实际铺筑高 1～2mm。

3）灰浆厚度不够或有空鼓时，应及时起料补灰，板料边口塞灰要实，再复位磕击密实。

4）为增强石材与灰浆的粘结力，可在铺灰面上套浆，再铺筑石材。

3. 接缝高低、缝隙大小不均匀

（1）原因分析

1）石材加工时，板面不平，石材尺寸不准，甚至个别板的大小相差超过 5mm 以上。

2）铺筑前，石材未做摆样试拼，也未检测，没有发现缺陷。

3）发现石材有缺陷后，未做及时的修正处理，拿来就用。

（2）防治措施

1）不合格的石材不允许进场，对进场的石材，应严格检查验收。

2）对已经进场的石材，若发现板面不平，应及时修正整平；规格尺寸偏大的，可做修正处理；规格尺寸偏小的，弃用或改作小料使用。

3）石材在铺贴前，要通过摆样试拼查出板块间的缝隙大小，在试拼预排的基础上，弹出互相垂直的十字线，对每块板材按位置进行编号，按先里后外的顺序依次铺贴，边铺贴边注意缝隙的宽度。

4. 缺棱掉角

（1）原因分析

1）运输装卸过程中相互碰撞。

2）铺贴后未采取成品保护措施，受车压或重物拖运碰掉棱角。

（2）防治措施

1）运输过程中，石材必须两块面对面包扎紧实，轻装轻卸，防止碰撞。

2）采取切实可行措施，做好成品保护，铺设好的石地坪上严禁走车，不可在其上拖运管材、钢材等坚硬物品。

3）因施工需要，经常要进出的通道口处的石材铺设面上加铺木板类软质保护层，避免硬物磕碰损伤。

十一、古建筑石作修缮

（一）修缮原则及修缮方案的制定

1. 修缮原则

（1）安全为主

古建筑历经百年以上的历史，受环境气候变化和人的活动影响，或多或少都会出现不同程度的损害，需要修缮才能保护和延续古建筑的安全性和历史价值。因此，应以建筑是否安全作为修缮的原则之一。这里所说的安全包括两个方面，一是对人是否安全，也就是说它的使用安全是否有保障。比如，勾栏经多年使用后，虽然没有倒塌，表面也比较完好，但如果推、靠或振动时，就可能倒塌伤人。二是主体结构是否安全，与主体结构关系较大的构件出现问题时应予以重视。如石券发生裂缝、过梁有断裂缝等应立即采取措施。与主体结构安全关系较小的构件出现问题可少修或不修，如踏跺石、阶条石的风化，少量位移、断裂，陡板石的少量走闪位移。有些构件即使与主体结构有关，也应权衡利弊，不要轻易下手。如两山条石倾斜，如果要想把它重新放平，必须拆下来重新归位，这样山墙底部就会有一部分悬空，反而会对主体结构造成影响。总之，制定修缮方案时应以安全为主，不应轻易以构件表面的新旧为修缮的主要依据。

（2）不破坏文物价值

文物建筑的构件本身就有文物价值。将原有构件任意改换新件，虽然会很"新"，但可能使很有价值的文物变成了假古董。只要能保证安全，不影响使用，残旧的建筑更具历史价值。古建筑的修缮应遵循"不改变文物原状"的原则，在保证文物安全的前提下，应尽量保存古建筑的现状。修缮时，能粘补加固的尽量粘补加固，能拼接的绝不更换，能小修的不大修，尽量使用原有构件，以养护为主。

（3）风格统一

古建筑修缮时，应当按古建筑本身所反映的建筑形制、法式构造、构件材质以及制作工艺进行修缮，经修缮的部位应尽量与原有的风格一致。以石活修缮为例，添配的石料应与原有石料的材质相同，规格相同，色泽相仿。补配的纹样图案应尊重原有风格、手法，保持历史风貌。

（4）排除造成损坏的根源和隐患

在修缮的同时如不排除造成损坏的根源和隐患，实际只能是"治标未治本"。因此，应仔细观察，认真分析，找出根源。在修缮的同时，排除隐患。如果构件损坏不大或无安全问题，甚至可以只排除隐患而不对构件做什么处理。常见的隐患有：地下水（包括管道漏水）及潮气对砌体的侵蚀；雨水渗入造成的破坏；树根对砌体的损坏；潮湿和漏雨对柱根、柁头糟朽的影响；屋面渗漏对木构架的破坏；墙的顶部漏雨可能造成的墙体倒塌等。

（5）以预防性修缮为主

无论人和物都需要维护才能得以生存和延续，古建筑也不例外。主动预防性的保养维护相比被动的损坏维修对于古建筑的生命延续和历史价值保存要有效得多。比如屋顶日常性的防漏保养修缮是最常见的方法之一，中国古建筑多以木构为主、墙体围护为辅的结构形式，最怕漏雨和潮湿损害木结构，而屋顶是保护房屋内部构件的主要部分，屋顶不漏雨，木架就不容易糟朽。因此，修缮应以预防为主，经常对屋顶进行保养和维修，把积患或隐患消灭在萌芽状态之中。

（6）尽量利用旧料

利用旧料可以节省大量资金，还能保留原有建筑的时代特征。在修缮时，对于旧木料、旧石料不得轻易丢弃，能保留的尽可能保留（或加固后保留），因结构安全拆换的构件能截小改作小料的尽量保留使用。旧砖瓦也同样可以利用，按损毁程度挑选可用的砖、瓦件，并按规格种类分别摆放，修缮时可重复利用。尤其是对文物建筑的修缮，更应尽量使用原有的旧料。

2. 修缮方案的制定

制定修缮方案时应注意以下几个方面：

（1）分析造成损坏的原因，修缮措施要有明确的针对性，否则会得不偿失。如由于木架倾斜造成的墙体歪闪，就不一定非拆砌不可。

（2）根据建筑的重要程度、位置等因素决定方法。如同样是下碱严重风化，处于山墙部位时，可剔凿挖补；处于院墙时，可用局部抹灰的方法。

1）文物建筑应尽量维持原状，不得不拆砌时，也应尽量不扩大工程量。能小修的不大修，以防漏为主，以保养为主，尽量保留原有砖件与瓦件。

2）应以经常性的养护措施为主，凡能用养护、维修手段解决的，尽量不采用大修手段。

（3）普查记录和修缮方案的一般格式。先写明房屋栋号、部位，损坏的情况和程度，然后提出具体的修缮方法。举例如下：西院，北房，台明部分残破、移位，槛墙局部酥碱，东山墙山尖歪闪 8cm；干摆下碱严重酥碱；上身灰皮空鼓、脱落。修缮措施：台明阶条石部分归安，部分添配更换；陡板石勾抹打点；槛墙打点刷浆，东山墙拆砌山尖，下碱剔凿挖补并全部打点刷浆；上身铲抹（混合砂浆打底，红灰罩面）。

（二）石　活　修　缮

1. 打点勾缝

打点勾缝多用于台明石活。当台明石活的灰缝酥碱脱落或其他原因造成头缝空虚时，缝内的残留水冻涨可使石活产生移位。打点勾缝是防止冻涨破坏和石活移位的有效措施。如果石活移位不严重，可直接做勾缝处理。如果石活移位较严重，打点勾缝可在归安和灌浆加固后进行。打点勾缝前应将松动的灰皮铲净，浮土扫净，必要时可用水洇湿。勾缝时应将灰缝塞实塞严，不可造成内部空虚。灰缝一般应与石活勾平，最后要打水槎子并应扫净。小式建筑和青砂石多以大麻刀月白灰勾抹，称为"水灰勾抹"。青白石、汉白玉等宫殿建筑的石活多用"油灰勾抹"。

2. 石活归安

当石活构件发生位移或歪闪时可进行归安修缮。石活可原地直接归安就位的应直接归位，如归安阶条、归安陡板等。不能直接归位的可先拆下来，把后口清除干净后再归位，如踏跺拆安、角柱拆安等。归位后应进行灌浆处理，最后打点勾缝。

3. 添配

石活构件残破严重或缺损时，可进行添配。添配还可以和改制、归安等修缮方法共同进行。比如，当阶条石的棱角不太完整，同时存在位移现象时，就可以将阶条全部拆下来，重新夹肋截头，表面剁斧见新（文物修缮不用出新），然后进行归安。阶条石经重新截头后，长度变小，累积空出的一段就应重新添配。添配的石活应注意与原有石活的材质、规格、做法等保持一致。

对于部分残损的石雕构件可按原有的图样修补，残损严重的，可添配更新，修补添配后照原色做旧。

4. 重新剁斧、刷道或磨光

大多用于阶条、踏跺等表面易磨损的石活。表面处理的手法应与原有石活的做法相同。如原有石活为剁斧做法，就应采用剁斧做法。重新剁斧（或刷道、磨光等）不仅是一种使石活见新的方法（用于非文物修缮），也是石活表面找平的措施，但表面比较平整的石活一般不必重新剁斧。

5. 表面见新

这类做法适用于表面较平整且要求干净的石活或带有雕刻的活。

（1）刷洗见新：以清水和钢刮子对石活表面刷洗。这种方法既适用于雕刻面也适用于素面。

（2）挠洗见新：以铁挠子将表面挠净，并扫净或用水冲净。这种方法适用于雕刻面，如带雕刻的券脸等。

（3）刷浆见新：用生石灰水涂刷石活表面，可使石料表面变白。这种方法只能作为一种临时措施，不适于雕刻面的见新。

（4）花活剔凿：石雕花纹风化模糊不清时，可重新落墨、剔凿、出细、恢复原样，但在文物修缮时应慎用。

（5）其他方法刷洗：近年来有的采用高压喷砂方法对石活表面进行清洗，效果不错。使用其他方法时应慎用酸碱类溶液刷洗石活，尤其是文物建筑，更应尽量避免。不得不用时，最后必须用清水冲净。

6. 改制

石活改制包括对原有构件的改制和对旧料的改制加工，既可以作为整修措施，也可以作为利用旧料进行添配的方法。

（1）截头：当石活的头缝磨损较多，或所用的旧料规格较长时，均可进行截头处理。

（2）夹肋：当石活的两肋磨损较多，或所用的旧料规格较宽时，均可进行夹肋处理。经夹肋和截头的石料，表面一般应进行剁斧见新。

（3）打大底：打大底即"去薄厚"。当所用的旧石料较厚时，可按建筑上的构件规格"去薄厚"，由于一般应在底面进行，因此也称"打大底"。如石料表面不太完好，可在打大底之前先在表面剁斧（或刷道，磨光等）。

（4）劈缝：当所用的旧料规格、形状与设计要求相差较大时，往往需要将石料劈开，然后再进一步加工。

7. 修补、补配

当石活出现缺损或风化严重时可进行修补、补配。这种方法既适用于文物价值较高的石活，同时也可作为普通石活的简易修缮方法。修补与补配的方法有两类：一类是剔凿挖补，另一类是补抹。

（1）剔凿挖补：将缺损或风化的部分用錾子剔凿成易于补配的形状，然后按照补配的部位选好荒料。后口形状要与剔出的缺口形状吻合，露明的表面要按原样凿出糙样。安装牢固后再进一步"出细"。新旧槎接处要清洗干净，然后粘结牢固。面积较大的可在隐蔽处萌入扒锔等铁活。缝隙处可用石粉拌合胶粘剂堵严，最后打点修理。

（2）补抹：将缺损的部位清理干净，然后堆抹上有粘结力且有石料质感的材料，干硬后再用錾子按原样凿出。传统"补配药"的配方是：每平方寸（营造尺）用白蜡一钱五分，黄蜡、芸香各五分，木炭一两五钱，石面二两八钱八分。石面应选用与原有石料材质相同的材料。上述几种材料拌合后，经加温熔化后即可使用。补抹材料还可以用现代材料，如用水泥拌合石碴和石面，可掺入适量粘结材料。又如，可用粘结材料（如环氧树脂等）直接拌合石粉或石碴。选择材料时应注意对原有石料的模仿，如汉白玉的补抹材料应使用白水泥。石碴、石面的颜色、质感要与原有石料接近。大理石的补抹材料要使用白水泥、石英粉和颜料（不与调匀）。

8. 粘结

（1）传统粘结材料

1）"焊药"配方：每平方寸（营造尺）用白蜡或黄蜡二分四厘，芸香一分二厘，木炭四钱。又法：每平方寸（营造尺）用白蜡或黄蜡二分四厘，松香一分二厘，白矾一分二厘。将上述任意一种配方的材料拌合均匀后，加热熔化即可使用。

2）漆片粘结，将石料的粘结面清理干净，然后将粘结面烤热，趁热把漆片撒在上面，待漆片熔化后即能粘结。

使用上述两种方法粘结后，用石粉拌合防水性能较好的胶粘剂将接缝处堵严，并用錾子修平。这样既能使粘结部位少留痕迹，又可以保护内部的胶粘剂不受雨水侵蚀。传统粘结方法只适用于小面积的粘结，较大的石料还应同时使用铁活加固或使用现代粘结材料。

（2）现代粘结材料

1）素水泥浆。适用于小块石活的粘结。

2）高分子化工材料。高分子化工材料的种类很多，发展也很快，目前以使用环氧树脂类胶粘剂较普遍。高分子化工材料的粘结力很强，适用于粘结大块石料。各种胶粘剂的特性差异很大，必要时可征求化工专家的意见，以获得最新的科学配方。

9. 照色做旧

补配、添配的新石料，常与原有旧石料有新旧之差。故可采取照原有旧色做旧的办法，使人看不出新修的痕迹。做旧的方法是：将高锰酸钾溶液涂在新补配的石料上，待其颜色与原有石料的颜色后，用清水将表面的浮色冲净，进而可用黄泥浆涂抹一遍，最后将浮土扫净。

10. 灌注加固

当砌体开裂、局部构件脱落时，可以采用灌浆的方法进行加固。

（1）传统做法：传统灌浆所用材料多为桃花浆或生石灰浆，必要时可添加其他材料。

（2）现代做法：现代施工中常用白灰砂浆、混合砂浆、水泥砂浆或素水泥浆灌浆。如需加强灰浆的粘结力，可在浆中加入水溶性的高分子材料。缝隙内部容量不大而强度要求较高者（如券体开裂），可直接使用高强度的化工材料，如环氧树脂等。为保证灌注饱满，可用高压注入，文物修缮应谨慎使用。

11. 支顶加固

支顶加固一般作为临时性的应急措施，适用于石砌体的倾斜、石券的开裂等。支顶加固既可以使用木料也可以砌砖垛。

12. 铁活加固

（1）在隐蔽位置凿锔眼，下扒锔，然后灌浆固定。

（2）在隐蔽的位置凿银锭槽，下铁银锭，然后灌浆固定。

（3）在适合的位置钻孔，穿入铁芯，然后灌浆固定。

十二、古建筑石作相关知识

（一）工程预算简介

1. 建设工程的费用组成

建设工程费用由直接费、间接费、利润、税金四部分组成。其中直接费又由直接工程费和措施费两块内容构成，措施费包含施工技术和施工组织两项措施费，间接费由规费和企业管理费两项组成。

（1）按费用构成要素组成

建筑安装工程费由人工费、材料费（包含工程设备，下同）、施工机具使用费、企业管理费、利润、规费和税金组成。其中人工费、材料费、施工机具使用费、企业管理费和利润包含在分部分项工程费、措施项目费、其他项目费中。

1）人工费：是指按工资总额构成规定，支付给从事建筑安装工程施工的生产工人和附属生产单位工人的各项费用。包括计时工资或计件工资、奖金、津贴补贴、加班加点工资和特殊情况下支付的工资。

2）材料费：是指施工过程中耗费的原材料、辅助材料、构配件、零件、半成品或成品、工程设备的费用。包括材料原价、运杂费、运输损耗费、采购及保管费。

3）施工机具使用费：是指施工作业所发生的施工机械、仪器仪表使用费或其租赁费。包括施工机械使用费和仪器仪表使用费，其中施工机械使用费又包含折旧费、大修理费、经常修理费、安拆费及场外运费、操作人员人工费、燃料动力费、税费。

4）企业管理费：是指施工企业组织施工生产和经营管理所

需的费用。包括管理人员工资、办公费、差旅交通费、固定资产使用费、工具用具使用费、劳动保险和职工福利费、劳动保护费、检验试验费、工会经费、职工教育经费、财产保险费、财务费、税金和其他费用。

5）利润：是指施工企业完成所承包工程获得的盈利。

6）规费：是指按国家法律法规规定，由省级政府和省级有关权力部门规定必须缴纳或计取的费用。包括社会保险费、住房公积金、工程排污费及其他费，其中社会保险费又包含养老保险费、失业保险费、医疗保险费、生育保险费和工伤保险费。

7）税金：是指国家税法规定的应计入建筑安装工程造价内的营业税、城市维护建设税、教育附加以及地方教育附加。

（2）按造价构成组成

建筑安装工程费由分部分项工程费、措施项目费、其他项目费、规费和税金组成。其中分部分项工程费、措施项目费、其他项目费包含人工费、材料费、施工机具使用费、企业管理费和利润。

1）分部分项工程费：是指各专业工程的分部分项工程应予列支的各项费用。

2）措施项目费：是指为完成建设工程施工，发生于该工程施工前和施工过程中的技术、生活、安全、环境保护等方面的费用。包括安全文明施工费、夜间施工增加费、二次搬运费、冬雨期施工增加费、已完工程及设备保护费、工程定位复测费、特殊地区施工增加费、大型机械设备进出场及安拆费、脚手架工程费，其中安全文明施工费又包含环境保护费、文明施工费、安全施工费、临时设施费。

3）其他项目费：包含暂列金额、计时工、总承包服务费。

4）规费：同前条"按费用构成要素组成"中条文"规费"所述。

5）税金：同前条"按费用构成要素组成"中条文"税金"所述。

2. 建设工程项目的预算

（1）施工图预算

施工图预算是指在施工图设计阶段，当工程设计完成后，在单位工程开工之前，施工单位根据施工图纸计算工程量、施工组织设计和国家规定的现行工程预算定额、单位估价表及各项费用的取费标准、建筑材料预算价格、建设地区的自然和技术经济条件等资料，进行计算和确定单位工程或单项工程建设费用的经济文件。

（2）施工预算

施工预算是指施工阶段，在施工图预算的控制下，施工队根据施工图计算的分项工程量、施工定额（包括劳动定额、材料和机械台班消耗定额）、单位工程施工组织设计或分部（项）工程施工过程设计和降低工程成本技术组织措施等材料，通过工料分析，计算和确定完成一个单位工程或其中的分部（项）工程所需的人工、材料、机械台班消耗量及其相应费用的经济文件。

3. 建设工程定额的概念

在建筑工程施工中，为了完成某项合格建筑产品，就要消耗一定数量的人工、材料、机械台班及资金。

建筑工程定额是指在正常施工条件下，完成单位合格产品所必须消耗的劳动力、材料、机械台班的数量标准。这种量的规定，反映出完成建设工程中的某项合格产品与各种生产消耗之间特定的数量关系。

建筑工程定额是根据国家一定时期的管理体制和管理制度，根据定额的不同用途和使用范围，由国家指定的机构按照一定程序编制，并按照规定的程序审批和颁发执行。在建筑工程中实行定额管理的目的，是为了在施工中力求用最少的人力、物力和资金，生产出更多、更好的建筑产品，取得最好的经济效益。

4. 建筑工程定额的套用

定额的种类很多，有概算指标、概算定额、预算定额、施工定额、工期定额、劳动定额、材料消耗定额和机械设备使用定额等。

不同的定额在使用中作用不完全一样，它们各有各的内容和用途。

在古建筑施工过程中经常接触的是预算定额和劳动定额。对施工班组来说，学习和了解定额很有用处，特别是学习了解预算定额和劳动定额更有必要，能做到用工用料心中有数，为开展经济核算提供依据。

(1) 预算定额

建筑工程预算定额是编制施工图预算、计算工程造价的一种定额。编制施工图预算既是建筑工程拨付款的依据，也是建设单位与施工单位签订合同、竣工决算的依据。

(2) 劳动定额

劳动定额是直接向施工班下达单位产量用工的依据，也称人工定额。它反映了建筑工人在正常的施工条件下，按合理的劳动生产水平，为完成单位合格产品所规定的必要劳动消耗量的标准。

劳动定额由于表示的不同，可分为时间定额和产量定额两种。

1) 时间定额：就是某种专业、某种技术等级工人班组或个人在合理的劳动组织与合理使用材料等正常工作条件下，完成单位合格产品所需要的工作时间。它包括：准备与结束时间，基本生产时间，辅助生产时间，不可避免的中断时间以及工人必需的休息时间。时间定额以工日为单位，每一工日按 8h 计算，其计算方法如下：

单位产品时间定额(工日)=1/每工产量

单位产品时间定额(工日)=小组成员工日数的总和/台班产量

2) 产量定额：是指在合理的劳动组织与合理使用材料、施工工具的条件下，某种专业、某种技术等级的工人班组或个人，在单位时间内（工日），所完成合格产品的数量。

产量定额以具体形象的工序产品数量为计量单位，如米 (m)、平方米 (m^2)、立方米 (m^2)、吨 (t)、块、件、根、扇、组、台等。其计算公式如下：

每工产量＝1/单位产品时间定额（工日）

台班产量＝小组成员工日数的总和/单位产品时间定额（工日）

时间定额与产量定额互为倒数。

5. 石作工程工程量计算的一般方法

（1）按顺时针方向计算：应从建筑物平面图上角开始，依顺时针方向依次计算。

（2）按先横后纵、从上而下、从左到右的原则计算。

（3）按轴线编号计算：根据建筑平面上的定位轴线编号顺序，从左而右、从下而上进行计算。

以上计算需要用计算书并列出计算式，以便校对和审核。

6. 石作工程定额规定

以北京市 2005 年修缮定额为例，包括石构件拆除、石构件整修、石构件制作、石构件安装。

（1）工作内容

1）包括准备工具、搭拆烘炉、修理工具、原材料及成品、半成品场内运输、清理废弃物等全部操作过程。

2）石构件拆除（拆卸）包括必要的支顶及现场安全监护，搭拆、挪移小型起重架，拆卸石构件运至指定地点码放整齐等。

3）拆安归位包括将石构件拆下，修整并缝、夹肋或截头重做接头缝。露明面挠洗，重新扁光或剁斧见新，清理基层重新安装。

4）凿锔眼，安扒锔和凿银锭槽、安银锭均包括剔凿卯眼、灌注粘结剂、安装铁扒锔或银锭。

5）石构件制作包括选料、打荒、找规矩、制作成型、剁斧（或砸花锤、打道）、成活，带雕饰的石构件还包括绘制图样、雕凿花饰。

6）石构件安装包括调制砂浆、打截一个头、打拼头缝、稳安垫塞、灌浆、搭拆小型起重架等全部操作过程。

（2）统一性规定及说明

1）定额中所列石料均包括长、宽、高在5cm以内加荒尺寸和5％的损耗，如建设单位提供石料加荒尺寸超过5cm以上，应另行计取相应的荒料加工费。

2）石构件改制、见新加固、制作、安装以汉白玉、青白石等普坚石材为准。若用花岗岩等坚硬石材，人工费乘以系数1.35。

3）不带雕刻的石构件制作，已综合了剁斧、砸花锤、打道等做法，不论采用上述何种做法，定额均不做调整。如要求磨光时，另执行相应磨光定额。

4）阶条石、压面石制作包括掏柱顶卡口和转角处的好头石制作。

5）硬山建筑山墙及后檐墙下的金边石执行腰线石定额。

6）柱顶石制作用工已综合了普通和异形等不同规格形状。带莲瓣柱顶以鼓镜雕复莲为准，柱顶石凿套顶榫眼、插扦榫眼另按相应定额执行。

7）须弥座制作均包括圭脚雕刻，其中有雕饰须弥座制作定额，以上下枋做浅浮雕、上下枭雕莲瓣、束腰雕绾花结带为准，若上下枋不做雕刻，定额不调整，若只在束腰雕绾花结带，执行无雕饰须弥座定额及束腰雕绾花结带定额。独立须弥座以带雕饰为准，不分方、圆等形状，均执行同一定额。

8）须弥座龙头制作不包括凿吐水眼，凿吐水眼另执行相应定额。

9）地栿制作包括剔凿走水孔。

10）望柱制作包括雕凿柱头、柱身四棱起线，两露面落盒子心，两肋落栏板槽及卯眼，其中狮子头望柱以雕单只蹲狮为准，龙凤头望柱以浮雕龙凤及祥云为准。

11）寻杖栏板制作包括掏寻杖雕净瓶、荷叶云、落绦环板盒子心，罗汉栏板制作包括两面落盒子心。

12）角柱石不分圭背角柱、墀头角柱，均执行同一定额。

13）石角梁带兽头制作包括雕刻角梁肚弦和兽头。

14）挑檐石制作包括做样板、雕凿挑出部分的枭混。

15）出檐带扣脊瓦墙帽制作包括雕凿冰盘檐、滴水头、半圆扣脊，墙帽与角柱连作者不分出檐带扣脊瓦或不出檐带八字，均执行同一定额。

16）除素面券脸石外其他券脸石制作均包括雕花饰，券脸石、券石安装包括支拆券胎。门窗券石拱券以下（或压砖板以下）部分执行角柱石定额。

17）菱花窗制作包括正面的菱花纹雕刻。

18）门鼓石制作包括雕刻，其中圆鼓以大鼓做浅浮雕，顶面雕兽面为准。幞头鼓以顶面素平或做浮雕，其他露明面做浅浮雕为准。

19）滚墩石制作包括雕圆鼓、凿插扦柱眼。

20）夹杆石制作包括剔铁箍槽、夹柱槽，有雕饰的夹杆石制作还包括雕莲瓣、巴达马、掐珠子、雕如意云、复莲头。

21）带水槽沟盖制作包括剔凿走水槽和漏水孔，如遇平作沟盖人工费乘以系数 0.63。石沟嘴子制作包括剔走水槽、滴水头。沟门、沟漏制作包括剔凿走水孔。

22）阶条、陡板、踏跺、须弥座、地栿、望柱、栏板、腰线石、地面石、牙子石等均以常见规格做法为准，如遇斜形、拱形、弧形等异形时，按相应定额乘以系数 1.25 执行。

23）旧石构件改制如需截头或夹肋，执行旧条石截头、夹肋子目。

24）旧石构件挠洗见新不论用铁挠子挠洗或钢刷子刷洗均执行本小节定额。

25）旧石构件剁斧见新不分遍数，均执行本小节定额。

26）旧石构件如因风化、模糊，需重新落墨、剔凿出细、恢复原样者，按相应制作定额扣除石料价格后乘以系数 0.7。

（3）工程量计算规则

1）各项子目的工程量计算均以成品尺寸为准，有图示者按图示尺寸计算，无图示者按原有实物计算。其隐蔽部分无法测量时，可按表 12-1 计算。表中数据与实物的差额，竣工结算时应予调整。

石构件工程量计算参考表　　　　　　　　表 12-1

项目	厚	宽	埋深
土衬（砖砌陡板）	宽 4/10	细砖宽的 2 倍	
土衬（石陡板）	同阶条石厚	陡板厚加 2 倍金边宽	
埋头（侧面不露明）	同阶条石厚		如带埋身，埋深按露明高
陡板	高的 1/3		
柱顶石	宽的 1/2		
象眼	高的 1/3		
腰线石		厚的 1.5 倍	
槛垫石	宽的 1/3		
须弥座各层		同上枋宽	
须弥座土衬	同圭脚厚	同上枋宽	
夹杆石、镶杆石			按露明高

2）土衬、埋头、阶条石、柱顶石、须弥座、地栿、望柱、角柱、压砖板、腰线石、挑檐石、券脸石、券石、夹杆石、镶杆石等拆除、制作安装工程量均按构件图示尺寸或实际尺寸长、宽、厚（高）乘积以立方米为单位计算，不扣除部件本身凹进的柱顶石卡口、镶（夹）杆石的夹柱槽等所占体积。其中转角处采用合角拼头缝的阶条石、长度按长角面计算，券脸石、券石长按外弧长计算。柱顶石凿套顶榫眼、插扦眼按柱顶石体积计算。

3）陡板、象眼、菱花窗按垂直投影面积计算。

4）栏板、抱鼓石按本身高乘以望柱中至中长度以平方米为单位计算。

5）须弥座束腰雕绾花结带按花饰所占长度乘以束腰高计算面积。

6）压面石、砚窝石、踏跺石、带下槛槛垫石、槛垫石、过门石、分心石、噘口石、路面石、地面石、带水槽沟盖等均按水平投影面积计算。不扣除套顶石、夹（镶）杆石所占面积。

7）墙帽（压顶）、牙子石、石排水沟槽按中线长度以米计算。

8）须弥座龙头、石角梁、墙帽与角柱连作、元宝石、门枕石、门鼓石、滚墩石、石沟嘴子、沟门、沟漏等分不同规格分别按块、个、份、根计算。

9）旧石活见新以平方米计量。其中柱顶按水平投影面积计算，不扣除柱子所占面积。须弥座按垂直投影面积乘以系数 1.4 计算，栏板按双面计算，门鼓、抱鼓、须弥座龙头、滚墩石等分三面或四面均以最大矩形计算面积。

10）旧条石夹肋以单面为准，如双面做，工程量加倍计算。

（4）定额规定的说明

1）概况

① 本部分包括了一般古建筑、仿古建筑的台基、勾栏、墙身、地面等各个工程部位常见的普通规格、形状的石构件，而未考虑石制斗拱、椽望等及石塔、石桥上专用的构件。为减少子目，对于实际工程中经常遇到的一些异形构件，定额中采取了按其相应普通规格、形状的石构件定额乘系数调整的方式予以解决，而未再单独划分项目编制定额。

② 定额中针对各个工程部位的石构件风化、污染、歪闪走动等情况分别划分了剁斧见新、挠洗见新、拆安归位、用铁扒锔或铁银锭加固等整修项目，对已缺损或严重损毁需重新配制的情况划分了制作、安装及相应的拆除项目。

③ 石构件拆安归位、安装等项目均按现行的施工做法以水泥浆、水泥砂浆作为粘结及充填接头缝隙的材料，实际工程中局部所用的环氧树脂等化工粘结材料及样板料、划线材料、麻绳、草席、钢錾损耗等均综合在其他材料费中。定额材料耗用量中的煤是供修理工具的烘炉用煤，不包括取暖、烧水等生活用煤。

④ 古建筑、仿古建筑中常见的虎皮石墙、方整石墙从其构

成上看属于砌体性质，因而编排到"砌筑工程"中。

2）关于工作内容及统一性规定的说明

① 本小节各项定额工作内容均包括准备工具、修理工具，原材料、成品、半成品的场内运输，清理废弃物等。

② 拆安归位包括将歪闪走动的石构件拆下，修整并缝（夹肋）、接头缝或截头重做接头缝，清理好基层、重新铺垫砂浆安装及必要的搬运，不包括基层的重新砌筑。若因风化模糊，需重新落墨、剔凿出细恢复原样者，根据本小节统一性规定及说明的第 26 条"按相应制作定额扣除石料价格后乘以系数 0.7"执行。因截头缩短的石构件长度，所需补配的部分，另执行相应的拆除、制作、安装定额。素面条形石构件若利用旧条石改制，执行"旧条石截头"、"旧条石夹肋"定额。不论是建筑物上原有石构件，还是新补配的构件若需用铁扒锔、铁银锭连接固定，均执行"石构件整修"中的相应子目。挑檐石等拆下无须修整即可重新安装的构件，需拆安时分别执行相应的拆除、安装定额。

③ 石构件制作包括弹线、剔凿成型、凿打并缝或接头缝，对露明面进行细加工成活。其中无雕饰的石构部件制作，定额中已综合考虑了表面剁斧、砸花锤或打道等工艺要求，若设计要求磨光时另执行相应磨光定额，带有雕饰的石构件制作还包括绘制图样、雕凿花饰等，定额中除望柱外均未考虑圆雕及艺术性浮雕。各项石构件制作具体内容如下：

a. 阶条石、压面石制作包括转角处的好头石制作及遇柱顶掏卡口，砚窝石制作包括凿出承接垂带的浅槽。

b. 柱顶制作包括凿管脚榫海眼、下槛槽口，定额已综合考虑了五方、扇形或联作等常见异形做法，带莲瓣柱顶以鼓镜雕复莲为准。柱脚若有套顶榫或按扦榫，需在柱顶凿透榫眼时另执行相应定额。

c. 带雕饰的台基须弥座制作，定额以上下枋做浅浮雕、上下枭雕莲瓣、束腰雕绾花结带为准，若上下枋不做雕刻，定额不做调整。若只在束腰雕做金刚柱子绾花结带时，执行无雕饰须弥座定额，并按花饰所占长度乘束腰高的面积执行"束腰雕缩花结带"定额。

d. 独立须弥座系指用整块石料雕制的狮子座、香炉座等，其制作定额包括了全部雕凿成型。

e. 台基须弥座龙头及四角龙头制作不包括凿吐水眼，凿吐水眼另执行"须弥座龙头凿吐水眼"定额。

f. 地栿制作包括落槽，剔凿望柱下的卯眼，底面掏走水沟。

g. 寻杖栏板包括掏寻杖、雕做净瓶、荷叶云，落绦环板盒子心，罗汉栏板包括两面落盒子心。望柱包括雕凿柱头、柱身四棱起线、两露明面落盒子心、两肋落栏板槽及卯眼，狮子头望柱以雕单只蹲狮为准，龙凤头望柱以浮雕龙凤及祥云为准。

h. 石角梁带兽头制作包括雕刻角梁肚弦和兽头。

i. 挑檐石制作包括做样板、雕凿挑出部分的枭混。

j. 出檐带扣脊瓦的墙帽（压顶）制作包括雕冰盘檐、滴水头、半圆扣脊。墙帽与角柱连作者不分出檐带扣脊瓦或不出檐带倒八字，均执行同一定额。

k. 门窗券脸石、菱花窗制作成型均包括雕刻。

l. 方形门鼓（幞头鼓）以露明面（顶面、两侧面、正立面）做浅浮雕为准，圆鼓及滚墩石以大鼓中做转角莲、顶面浮雕兽面为准，包括剔凿下槛槽口、尾端做门枕安海窝，如做深浮雕或门鼓顶面带圆雕者应另行计算。

m. 滚墩石制作包括画样、雕凿成型、剔凿横杆柱眼、雕圭脚、两鼓做浅浮雕鼓钉、莲瓣及顶面雕兽面等。

n. 夹杆石、镶杆石制作包括剔凿成型、剔铁箍槽、夹柱槽、做并缝、雕凿莲瓣巴达马、掐珠子、雕如意云、复莲头。

o. 带水槽沟盖制作包括剔凿走水槽和漏水孔，沟门、沟漏制作包括剔凿走水孔，石沟嘴子制作包括剔凿走水槽、滴水头。

④ 定额中台基的阶条石、陡板、须弥座，台阶的踏跺，墙身的腰线石及地栿、栏板、望柱、抱鼓、甬路的牙子石等均按普通直形、矩形考虑，实际工程中所遇到的圆形建筑物上的弧形阶

条、陡板、须弥座、踏跺、腰线石、地栿、栏板及截面为扇形的望柱，台基上车辋形石地面，台阶垂带上的斜形栏板，螺旋形台阶上的斜弧形栏板、抱鼓，拱桥上的拱形地栿、栏板，圆弧形甬路中的弧形牙子石等异形构件制作、安装，按相应的普通直形、矩形构部件定额预算价乘以系数 1.25 执行。

⑤ 石构件安装包括调制砂浆、修整并缝、接头缝、稳安垫塞、灌浆及搭拆小型起重架等，其中券石、券脸石安装包括支拆券胎，夹杆石、镶杆石安装包括安铁箍。

⑥ 石构件改制、制作、安装均以使用汉白玉、青白石等普坚石为准，若用花岗石等坚硬石材，人工及人工费乘以系数 1.35，并相应调整其石料价格。

3）关于工程量计算规则的说明

① 石构件挠洗见新、剁斧见新、磨光按面积计算，其中柱顶石按水平投影面积计算，不扣除柱所占面积，须弥座按垂直投影面积乘以系数 1.4 计算，栏板按双面面积计算，不扣除扶手、宝瓶间的空洞面积，门鼓、抱鼓、滚墩石等见新则分为三面或四面按各面的最大矩形面积累计计算。

② 石构件制作、安装、拆除、拆安归位的工程量计算方法，总的原则是按成品图示尺寸（或原有实物）计算，某些隐蔽部位若图示尺寸不全或无法直接测量时，可按定额中所列计量参考表推算。工程量计算单位选取原则是：构部件的长、宽、高（厚）基本上有定值的，分大小不同规格按自然单位计算，厚度基本有定值的，按面积计算，长、宽、厚均无定值的，则按体积计算。

a. 按体积计算工程量的项目有土衬、埋头、阶条石、柱顶石、须弥座、地栿、望柱、角柱、压砖板、腰线石、挑檐石、券脸石、券石及夹杆石、镶杆石等的制作、安装、拆除。其工程量均按石构件图示长、宽、厚（高）乘积以立方米为单位计算，不扣除构部件本身凹进的柱顶石卡口、夹（镶）杆石的夹柱槽等所占体积。其中，六角亭、八角亭或游廊非直角的转角处采用合角接头缝的阶条石，长度按长角面的长度计算。这类非直角转角处的柱顶石和台基的埋头石横截面呈轴对称五边形，顶角两侧为两对称直角，其工程量体积应以两直角顶点连线长乘以对称轴线长再乘以柱顶石厚或埋头石高计算，券脸石、券石长按外弧长计算。

b. 按面积计算工程量的项目基本上按石构件正投影面积计算，包括陡板、象眼石、垂带、踏跺、砚窝石、礓磋石、平座压面石、栏板、菱花窗、槛垫石、过门石、分心石、嚼口石、路面石、地面石、带水槽沟盖等及各种石构件的剁斧见新、挠洗见新和须弥座束腰的雕刻。其中：

平座压面石、砚窝石、踏跺石、槛垫石、过门石、分心石、嚼口石、路面石、地面石、带水槽沟盖按水平投影面积计算，不扣除构部件本身凹进的套顶石卡口、夹杆石卡口等所占面积。

陡板、象眼石、菱花窗按垂直投影面积计算。

垂带、礓磋石按上斜面面积计算。

台基须弥座束腰雕刻金刚柱子、绉花结带，其面积按花饰所占长度乘以束腰高计算。

栏板、抱鼓按本身高乘以望柱中至中长度计算。

墙帽（压顶）、牙子石、石排水沟槽及旧条石夹肋按长度计算工程量。

c. 须弥座龙头、石角梁、墙帽与角柱连作、月洞门元宝石、门枕石、门鼓石、石沟嘴、沟门、沟漏等的制作、安装、拆除及安铁扒锔、铁银锭、旧条石截头均按自然单位以个、块、根等计算。

4）执行中应注意的问题

① 定额中规定使用汉白玉的构件若改用青白石时，或规定使用青白石而改用汉白玉时，均应相应调整其石料价格。

② 异形构件所需增加的工料消耗，按本小节统一规定及说明的第 22 条规定乘以系数调整，其工程量计算仍按普通规格、形状构件的工程量计算规则执行。而六角亭、八角亭或游廊非直角的转角处采用合角接头缝的阶条石，横截面呈轴对称五边形或

扇面的柱顶石、埋头石、地面石等，因其工程量均按最小外接圆立方体积或外接矩形面积计算工程量体积或面积，均不得按异形构件调整工料及定额预算价。

③ 素面石构件最后一遍剁斧不论是在安装前进行或在安装后进行，其制作、安装定额均不做调整，也不允许再单独计取最后一遍剁斧费用。同理，条形石构件的截头做拼头缝不论是在制作时进行，还是在安装时进行，定额也不做调整。

④ 台基上随阶条石在墙体下施用的金边石执行腰线石定额，角柱不分圭背角柱或堁头角柱均执行同一定额，门窗口的石构件其拱券部分执行券脸石定额，拱券以下部分若无雕刻执行角柱定额，若有雕刻执行券脸石定额，砖石牌楼的镶杆石执行须弥座定额，牙子石宽度超过 200mm 者执行地面石定额。

⑤ 拆安归位的工程量以归位后的体积或面积计算，所补配部分的体积或面积应另行计算，不应包括在拆安归位的工程量中。

⑥ 本小节的各项石构件均以在施工现场内制作为准，若因现场狭小或其他原因，需要在专业工厂或施工现场外集中加工制作后运至现场安装，所发生的成品运输费用另按场外运输中相应定额及有关规定执行。

7. 定额套用范例

例题：参照下列图 12-1～图 12-5，定额参考《浙江省园林绿化及仿古建筑工程预算定额》（2010 版），计算此建筑石作工程的工料。

① 埋头石二遍剁斧制作、安装

已知：埋头石高＝0.6－0.13＝0.47m

$$V＝0.4×0.4×0.47×4＝0.3m^3$$

参 10-139 制作

每立方米人工用量 7.847×0.94＝7.376 工日

即 0.3×7.376＝2.21 工日

每立方米石材用量 1.05m³

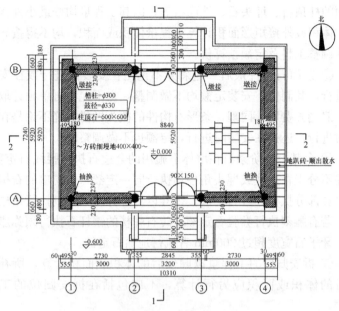

图 12-1 平面图

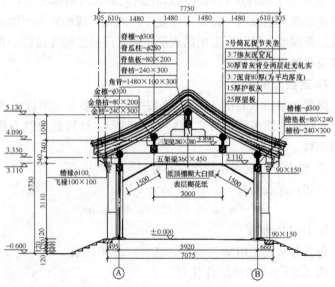

图 12-2 1-1剖面图

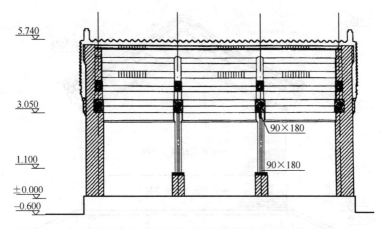

图 12-3　2-2 剖面图

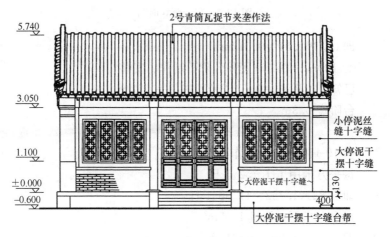

图 12-4　南、北立面图

即 $0.3×1.05＝0.32m^3$

参 10-108 安装

每立方米人工用量 5.086 工日

即 $0.3×5.086＝1.53$ 工日

每立方米 M5 水泥砂浆 $0.04m^3$

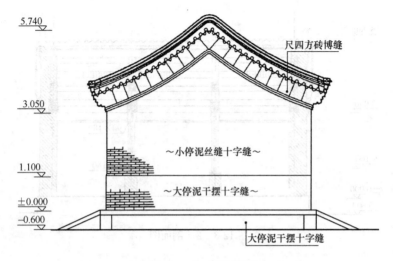

图 12-5 东、西立面图

即 $0.3 \times 0.04 = 0.012 \mathrm{m}^3$

② 120mm 厚二遍剁斧台阶石制作、安装

已知：台阶长 $= 3.2 - 2 \times 0.36/2 = 2.84\mathrm{m}$

台阶宽 0.3m

$$S = 2.84 \times 0.3 \times 4 \times 2 = 6.82 \mathrm{m}^2$$

参 10-159 台阶石制作

每平方米用工 1.752 工日

即 $6.82 \times 1.752 = 11.95$ 工日

每平方米石材用量 1.05m²

即 $6.82 \times 1.05 = 7.161\mathrm{m}^2$

参 10-76 台阶石安装

每平方米用工 1.143 工日

即 $6.82 \times 1.143 = 7.8$ 工日

每平方米 M5 水泥砂浆 0.02m²

即 $6.82 \times 0.02 = 0.14\mathrm{m}^2$

③ 鼓径柱顶石二遍剁斧制作、安装

$$V=0.6 \times 0.6 \times 0.3 \times 8=0.86 \text{m}^3$$
$$u=8 \text{ 个}$$

参 10-126 制作安装

每立方米人工用量 2.523 工日

即 $8 \times 2.523=20.184$ 工日

每立方米石材用量 0.15m³

即 $8 \times 0.15=1.2\text{m}^3$

④ 阶条石二遍剁斧 130mm 厚制作、安装

已知：前后檐阶条石长 $=2 \times 10.31=20.62$m

阶条石宽 0.36m

阶条石厚 0.13m

$$S=20.62 \times 0.36=7.42\text{m}^2$$

参 10-159 制作

每平方米人工用量 1.752 工日

每平方米石材用量 1.05m²

即 $7.42 \times 1.752=13$ 工日

即 $7.42 \times 1.05=7.79\text{m}^2$

参 10-76 安装

每平方米人工用量 1.143 工日

即 $1.143 \times 7.42=8.48$ 工日

每平方米 M5 水泥砂浆 0.02m²

即 $7.42 \times 0.02=0.15\text{m}^2$

⑤ 两山金边石制作、安装（二遍剁斧）130mm 厚

已知：金边石长 $=7.24-2 \times 0.36=6.52$m

金边石厚 0.13m

宽根据 1/2 前檐阶条宽 $0.36/2=0.18$m

$$S=6.52 \times 2 \times 0.18=2.35\text{m}^2$$

参 10-159 制作

每平方米人工用量 1.752 工日

即 $2.35 \times 1.752=4.12$ 工日

每平方米石材用量 1.05m²

即 2.35×1.05＝2.47m²

参 10-76 安装

每平方米人工用量 1.143 工日

即 2.35×1.143＝2.68 工日

每平方米 M5 水泥砂浆 0.02m²

即 2.35×0.02＝0.047m²

（二）绿 色 施 工

1. 基本内容

绿色施工是指工程建设中，在保证质量、安全等基本要求的前提下，通过科学管理和技术进步，最大限度地节约资源与减少对环境负面影响的施工活动，实现四节一环保（节能、节地、节水、节材和环境保护）。

绿色施工作为建筑全生命周期中的一个重要阶段，是实现建筑领域资源节约和节能减排的关键环节。实施绿色施工，应依据因地制宜的原则，贯彻执行国家、行业和地方相关的技术经济政策。绿色施工应是可持续发展理念在工程施工中全面应用的体现，并不仅仅是指在工程施工中实施封闭施工，没有尘土飞扬，没有噪声扰民，在工地四周栽花、种草，实施定时洒水等内容，它涉及可持续发展的各个方面，如生态与环境保护、资源与能源利用、社会与经济的发展等内容。

绿色施工是绿色施工技术的综合应用。绿色施工技术并不是独立于传统施工技术的全新技术，而是用"可持续"的眼光对传统施工技术的重新审视，是符合可持续发展战略的施工技术。

真正的绿色施工应当是将"绿色方式"作为一个整体运用到施工中去，将整个施工过程作为一个微观系统进行科学的绿色施工组织设计。绿色施工技术除了文明施工、封闭施工、减少噪声扰民、减少环境污染、清洁运输等外，还包括减少场地干扰、尊重基地环境，结合气候施工，节约水、电、材料等资源或能源，采用环保健康的施工工艺，减少填埋废弃物的数量，以及实施科学管理，保证施工质量等。

2. 施工原则

（1）减少场地干扰、尊重基地环境

绿色施工要减少场地干扰。工程施工过程会严重扰乱场地环境，这一点对于未开发区域的新建项目尤其严重。场地平整、土方开挖、施工降水、永久及临时设施建造、场地废物处理等均会对场地上现存的动植物资源、地形地貌、地下水位等造成影响，还会对场地内现存的文物、地方特色资源等带来破坏，影响当地文脉的继承和发扬。因此，施工中减少场地干扰、尊重基地环境对于保护生态环境、维持地方文脉具有重要的意义。

业主、设计单位和施工单位应当识别场地内现有的自然、文化和构筑物特征，并通过合理的设计、施工和管理工作将这些特征保存下来。可持续的场地设计对于减少这种干扰具有重要的作用。就工程施工而言，承包商应结合业主、设计单位对承包商使用场地的要求，制定满足这些要求的、能尽量减少场地干扰的场地使用计划。计划中应明确：

1）场地内哪些区域将被保护、哪些植物将被保护，并明确保护的方法。

2）怎样在满足施工、设计和经济方面要求的前提下，尽量减少清理和扰动的区域面积，尽量减少临时设施、减少施工用管线。

3）场地内哪些区域将被用作仓储和临时设施建设，如何合理安排承包商、分包商及各工种对施工场地的使用，减少材料和设备的搬动。

4）各工种为了运送、安装和其他目的对场地通道的要求。

5）废物将如何处理和消除，如有废物回填或填埋，应分析其对场地生态、环境的影响。

6）怎样将场地与公众隔离。

（2）施工结合气候

施工单位在选择施工方法、施工机械，安排施工顺序，布置施工场地时应结合气候特征。这可以减少因气候原因而带来的施工措施的增加、资源和能源用量的增加，有效地降低施工成本，减少因额外措施对施工现场及环境的干扰，有利于施工现场环境质量品质的改善和工程质量的提高。

施工单位做到施工结合气候，首先要了解现场所在地区的气象资料及特征，主要包括：降雨、降雪资料，如全年降雨量、降雪量、雨季起止日期、一日最大降雨量等；气温资料，如年平均气温、最高最低气温及持续时间等；风的资料，如风速、风向和风的频率等。

施工结合气候的主要体现有：

1）施工单位应尽可能合理地安排施工顺序，使会受到不利气候影响的施工工序能在不利气候来临前完成，如在雨季来临之前，完成土方工程、基础工程的施工，以减少地下水位上升对施工的影响，减少其他需要增加的额外雨季施工保证措施。

2）安排好全场性排水、防洪，减少对现场及周边环境的影响。

3）施工场地布置应结合气候，符合劳动保护、安全、防火的要求。产生有害气体和污染环境的加工场（如沥青熬制、石灰熟化）及易燃的设施（如木工棚、易燃物品仓库）应布置在下风向，且不危害当地居民。起重设施的布置应考虑风、雷电的影响。

4）在冬季、雨季、风季、炎热夏季施工中，应针对工程特点，尤其是对混凝土工程、土方工程、深基础工程、水下工程和高空作业等，选择适合的季节性施工方法或有效措施。

（3）节水节电环保

建设项目通常要使用大量的材料、能源和水资源。减少资源的消耗，节约能源，提高效益，保护水资源是可持续发展的基本观点。施工中资源（能源）的节约主要有以下几方面内容：

1）水资源的节约利用。通过监测水资源的使用，安装小流量的设备和器具，在可能的场所重新利用雨水或施工废水等措施来减少施工期间的用水量，降低用水费用。

2）节约电能。通过监测利用率，安装节能灯具和设备，利用声光传感器控制照明灯具，采用节电型施工机械，合理安排施工时间等降低用电量，节约电能。

3）减少材料的损耗。通过更仔细的采购，合理的现场保管，减少材料的搬运次数，减少包装，完善操作工艺，增加摊销材料的周转次数等降低材料在使用中的消耗，提高材料的使用效率。

4）可回收资源的利用。可回收资源的利用是节约资源的主要手段，也是当前应加强的方向。主要体现在两个方面，一是使用可再生的或含有可再生成分的产品和材料，这有助于将可回收部分从废弃物中分离出来，同时减少了原始材料的使用，即减少了自然资源的消耗。二是加大资源和材料的回收利用、循环利用，如在施工现场建立废物回收系统，再回收或重复利用拆除时得到的材料，这可减少施工中材料的消耗量或通过销售来增加企业的收入，也可降低企业运输或填埋垃圾的费用。

（4）减少环境污染，提高环境品质

绿色施工要求减少环境污染。工程施工中产生的大量灰尘、噪声、有毒有害气体、废物等会对环境品质造成严重的影响，也有损于现场工作人员、使用者以及公众的健康。因此，减少环境污染，提高环境品质也是绿色施工的基本原则，提高与施工有关的室内外空气品质是该原则的最主要内容。

施工过程中，扰动建筑材料和系统所产生的灰尘，从材料、产品、施工设备或施工过程中散发出来的挥发性有机化合物或微粒均会引起室内外空气品质问题。挥发性有机化合物或微粒会对健康构成潜在的威胁和损害，需要特殊的安全防护。这些威胁和损伤有些是长期的，甚至是致命的。而且在建造过程中，空气污染物也可能渗入邻近的建筑物，并在施工结束后继续留在建筑物内，对那些需要在房屋使用者在场的情况下进行施工的改建项目，这种影响更需引起重视。

常用的提高施工场地空气品质的绿色施工技术措施有：

1）制定有关室内外空气品质的施工管理计划。

2）使用低挥发性的材料或产品。

3）安装局部临时排风或局部净化和过滤设备。

4）进行必要的绿化，经常洒水清扫，防止建筑垃圾堆积在建筑物内，贮存好可能造成污染的材料。

5）采用更安全、健康的建筑机械或生产方式，如用商品混凝土代替现场混凝土搅拌，可大幅度地减少粉尘污染。

6）合理安排施工顺序，尽量减少一些建筑材料，如地毯、顶棚饰面等对污染物的吸收。

7）对于施工时仍在使用的建筑物，应将有毒的工作安排在非工作时间进行，并与通风措施相结合，在进行有毒工作时以及工作完成后，用室外新鲜空气对现场通风。

8）对于施工时仍在使用的建筑物，将施工区域保持负压或升高使用区域的气压会有助于防止空气污染物污染使用区域。

9）对于噪声的控制也是防止环境污染、提高环境品质的一个方面。绿色施工也强调对施工噪声的控制，以防止施工扰民。合理安排施工时间，实施封闭式施工，采用现代化的隔离防护设备，采用低噪声、低振动的建筑机械如无声振捣设备等是控制施工噪声的有效手段。

（5）实施科学管理，保证施工质量

实施绿色施工，必须要实施科学管理，提高企业管理水平，使企业从被动地适应转变为主动地响应，使企业实施绿色施工制度化、规范化。这将充分发挥绿色施工对促进可持续发展的作用，增加绿色施工的经济性效果，增加承包商采用绿色施工的积极性。企业通过 ISO 14001 认证是提高企业管理水平、实施科学管理的有效途径。

实施绿色施工，尽可能减少场地干扰，提高资源和材料利用效率，增加材料的回收利用等，但采用这些手段的前提是要确保工程质量。好的工程质量，可延长项目寿命，降低项目日常运行费用，有利于使用者的健康和安全，促进社会经济发展，本身就是可持续发展的体现。

（三）文物保护相关规定

文物保护是指为保存文物古迹实物遗存及其历史环境进行的全部活动。保护的目的是真实、全面地保存并延续其历史信息及全部价值。所有保护措施都必须遵守不改变文物原状的原则。

保护的原则：必须原址保护，尽可能减少干预。定期实施日常保养，保护现存实物原状与历史信息。按照保护要求使用保护技术，正确把握审美标准。必须保护文物环境，已不存在的建筑不应重建。考古发掘应注意保护实物遗存：有计划的考古发掘，应当尽可能提出发掘中和发掘后可行的保护方案同时报批，获准后同时实施；抢救性的发掘，也应对可能发现的文物提出处置方案；预防灾害侵袭：要充分估计各类灾害对文物古迹和游人可能造成的危害，制定应付突发灾害的周密抢救方案；对于公开开放的建筑和参观场所，应控制参观人数，保证疏散通畅，优先配置防灾设施；在文物古迹中，要严格禁止可能造成重大安全事故的活动。

根据《文物保护法》第九条规定："各级文物保护单位，分别由省、自治区、直辖市人民政府和县、自治县、市人民政府划定必要的保护范围，作出标志说明，建立记录档案，并区别情况分别设立专门机构或者专人负责管理。"

在文物保护工作中要做到"四有"，即有保护范围、有保护标志、有记录档案和有保管机构。下面就《文物保护法》中与古建筑施工相关的内容介绍如下：

（1）在中华人民共和国境内，下列文物受国家保护：

1）具有历史、艺术、科学价值的古文化遗址、古墓葬、古建筑、石窟寺和石刻、壁画。

2）与重大历史事件、革命运动或者著名人物有关的以及具有重要纪念意义、教育意义或者史料价值的近代现代重要史迹、实物、代表性建筑。

3）历史上各时代珍贵的艺术品、工艺美术品。

4）历史上各时代重要的文献资料以及具有历史、艺术、科学价值的手稿和图书资料等。

5）反映历史上各时代、各民族社会制度、社会生产、社会生活的代表性实物。

文物认定的标准和办法由国务院文物行政部门制定，并报国务院批准。

具有科学价值的古脊椎动物化石和古人类化石同文物一样受国家保护。

（2）古文化遗址、古墓葬、古建筑、石窟寺、石刻、壁画、近代现代重要史迹和代表性建筑等不可移动文物，根据它们的历史、艺术、科学价值，可以分别确定为全国重点文物保护单位，省级文物保护单位，市、县级文物保护单位。

历史上各时代重要实物、艺术品、文献、手稿、图书资料、代表性实物等可移动文物，分为珍贵文物和一般文物。珍贵文物分为一级文物、二级文物、三级文物。

（3）文物工作贯彻保护为主、抢救第一、合理利用、加强管理的方针。

（4）中华人民共和国境内地下、内水和领海中遗存的一切文物，属于国家所有。

古文化遗址、古墓葬、石窟寺属于国家所有。国家指定保护的纪念建筑物、古建筑、石刻、壁画、近代现代代表性建筑等不可移动文物，除国家另有规定的以外，属于国家所有。

国有不可移动文物的所有权不因其所依附的土地所有权或者使用权的改变而改变。

（5）文物保护单位的保护范围内不得进行其他建设工程或者爆破、钻探、挖掘等作业。但是，因特殊情况需要在文物保护单位的保护范围内进行其他建设工程或者爆破、钻探、挖掘等作业的，必须保证文物保护单位的安全，并经核定公布该文物保护单位的人民政府批准，在批准前应当征得上一级人民政府文物行政部门同意。在全国重点文物保护单位的保护范围内进行其他建设工程或者爆破、钻探、挖掘等作业的，必须经省、自治区、直辖市人民政府批准，在批准前应当征得国务院文物行政部门同意。

(6) 在文物保护单位的建设控制地带内进行建设工程，不得破坏文物保护单位的历史风貌。工程设计方案应当根据文物保护单位的级别，经相应的文物行政部门同意后，报城乡建设规划部门批准。

(7) 在文物保护单位的保护范围和建设控制地带内，不得建设污染文物保护单位及其环境的设施，不得进行可能影响文物保护单位安全及其环境的活动。对已有的污染文物保护单位及其环境的设施，应当限期治理。

(8) 建设工程选址，应当尽可能避开不可移动文物。因特殊情况不能避开的，对文物保护单位应当尽可能实施原址保护。

实施原址保护的，建设单位应当事先确定保护措施，根据文物保护单位的级别报相应的文物行政部门批准，并将保护措施列入可行性研究报告或者设计任务书。

无法实施原址保护，必须迁移异地保护或者拆除的，应当报省、自治区、直辖市人民政府批准。迁移或者拆除省级文物保护单位的，批准前须征得国务院文物行政部门同意。全国重点文物保护单位不得拆除，需要迁移的，须由省、自治区、直辖市人民政府报国务院批准。

依照前款规定拆除的国有不可移动文物中具有收藏价值的壁画、雕塑、建筑构件等，由文物行政部门指定的文物收藏单位收藏。

原址保护、迁移、拆除所需费用，由建设单位列入建设工程预算。

(9) 对文物保护单位进行修缮，应当根据文物保护单位的级别报相应的文物行政部门批准。对未核定为文物保护单位的不可移动文物进行修缮，应当报登记的县级人民政府文物行政部门批准。

文物保护单位的修缮、迁移、重建，由取得文物保护工程资质证书的单位承担。

（10）对不可移动文物进行修缮、保养、迁移，必须遵守不改变文物原状的原则。

（11）国有不可移动文物不得转让、抵押。建立博物馆、保管所或者辟为参观游览场所的国有文物保护单位，不得作为企业资产经营。

（12）非国有不可移动文物不得转让、抵押给外国人。

（13）非国有不可移动文物转让、抵押或者改变用途的，应当根据其级别报相应的文物行政部门备案。由当地人民政府出资帮助修缮的，应当报相应的文物行政部门批准。

（14）使用不可移动文物，必须遵守不改变文物原状的原则，负责保护建筑物及其附属文物的安全，不得损毁、改建、添建或者拆除不可移动文物。

（15）对危害文物保护单位安全、破坏文物保护单位历史风貌的建筑物、构筑物，当地人民政府应当及时调查处理，必要时，对该建筑物、构筑物予以拆迁。

（16）在进行建设工程或者在农业生产中，任何单位或者个人发现文物，应当保护现场，立即报告当地文物行政部门，文物行政部门接到报告后，如无特殊情况，应当在二十四小时内赶赴现场，并在七日内提出处理意见。文物行政部门可以报请当地人民政府通知公安机关协助保护现场，发现重要文物的，应当立即上报国务院文物行政部门，国务院文物行政部门应当在接到报告后十五日内提出处理意见。

（17）依照前款规定发现的文物属于国家所有，任何单位或者个人不得哄抢、私分、藏匿。

十三、古建筑石作工程的创新

随着科技的进步与发展，古建筑工程也随着时代向前发展。除建筑造型保留传统形式外，所用结构材料开始发生变化，如钢结构、混凝土结构、玻璃纤维、防水材料、新型墙体涂料等，都出现在现代仿古建筑中。除文物保护需保留传统工艺、保留历史信息外，新型材料工艺在仿古建筑中的应用，应视为一种时代的进步。在不改变外观、建筑风格的前提下，采用新型材料工艺对传统建筑延长使用耐久性、加快建造速度、减少环境污染、节省自然资源是有积极的意义。下文主要介绍香港大屿山昂坪石牌楼实例供参考。

大屿山石牌楼于 2011 年完工。按照香港建筑规范要求，整座牌楼采用了钢筋混凝土结构，石材瓦顶、斗拱、雀替、梁柱、夹杆石等全部采用石材外挂的形式（图 13-1），这也是传统石牌楼运用现代结构技术的一次新尝试。由于没有混凝土湿作业，所

图 13-1　石构件与混凝土结构挂接（一）

图 13-1 石构件与混凝土结构挂接（二）

以建成后避免出现了以往水泥填充粘结泛碱流淌现象，整座牌楼外形比例适当、端庄大气（图 13-2）。

图 13-2 牌楼正立面

十四、古建筑石作安全基本知识

（一）石工安全操作规程

（1）加工石料前，应对所使用的工器具进行检查，如大锤、手锤的锤柄与锤头连接，斧子与斧把的连接等牢固情况，铁锤有无破裂，锤柄有无裂纹。锤柄应用有弹性的木杆制成，锤头、锤柄应安装牢固。场内短驳所用载运推车，人工杠抬的杠棒、吊绳，垂直运输所用的吊笼、吊斗等工器具安全使用状态必须查清，消除工器具使用时的安全隐患。

（2）石料加工操作时，应穿戴好防护眼镜、手套、套袖、护腿等防护用品。在劈、截石料时打锤人与扶楔人严禁面对面操作，并与周围其他人有 3.0m 以上的安全作业距离，以防飞溅伤人。打锤人不得戴手套打锤，扶楔人应使用夹具扶楔，禁止用手直接扶楔。钢锲要经常盘头，以免在使用时毛刺飞崩伤人。

石料加工时，不可两人面对面加工，如因场地限制，不得不面对面作业时，两人间需用隔离板隔开，防止錾凿时石碴飞溅伤人。雕刻加工前，要搭好工作棚，在室内加工作业，避免凿打时飞碴伤人，同时也防日晒雨淋污染雕活。

不得在陡坡、坑、槽、沟边沿以及墙顶、脚手架和妨碍道路安全等场所进行石料加工作业。

（3）石料装卸均应采用机械吊运，确需人工卸料时，必须确认车厢内的石料无滚落的危险后，方可打开车帮，上车卸料。为防止伤人，下方人员必须避开后，车上卸料作业人员才可撬放操作。石料较大采用多人撬放时，必须有专人喊号指挥，其余人员听令行动，动作一致，协同操作。坡度较陡时，应拴紧安全绳，紧拉缓放，确保安全着地。

（4）搬运石料时，应先检查石料有无折裂现象，确认无误后再进行搬运。搬运石料要拿稳放平，杠绳工具要牢固，两人抬运应互相配合、行动一致。用推车装卸石料时，应平稳装卸，装车先装后面，卸车先卸前面，装车不得超载。

（5）用推车运料时，装料不得超过上口边沿，防止料石滚落伤人。两车之间应保持安全距离，平路推行保持 2.0m 以外，下坡时应距离 10m 以外。往坑、槽运送石料时，应在距离槽边1.0m 处设置挡掩，不得松手撒把，避免推车失稳滑落槽下，应用溜槽或吊运卸料，下方落料点不允许有人。

（6）石料堆放要平稳，不能过高，堆放点离坑、槽、边坡应大于 1.0m。自石垛上取料，必须自上而下逐层搬取，严禁掏取，防止石垛失稳，倒塌伤人。

（7）垂直运输前，吊具、吊笼、吊斗、吊绳等必须检查确认牢固，吊运不允许超载，装料不得出斗，作业时必须服从信号工的指挥。

（8）构件安装时，重量大于 40kg 的石活应由两人杠抬就位，大于 80kg 的石活应采用倒链等吊装工具起吊就位，大型（重型）构件的安装应采用起重机械吊装。

（9）砌筑石墙（或台基）高度超过 1.2m 时，应搭设操作脚手架，严禁站在石墙上砌筑以及在墙上行走。脚手架未经验收不得使用，验收后不得随意拆改，严禁铺搭探头板。在脚手架上砌筑作业时，手用工具应放置稳妥，作业区下方不得有人操作和停留，禁止交叉作业。脚手架上禁止使用大锤击石，严禁在脚手架上向外侧凿打石料。

（10）脚手架上堆料不得超过架体规定的荷载要求，不得集中堆放，不得斜靠在护栏上。石料随砌随取，不得在架体上停留过久，禁止将架体当作石料临时堆放点使用，禁止抛掷石料。

（11）雨雪后作业时，应排除积水、清扫积雪并采取防滑措施后方可继续作业。

（12）构件安装完后，应将脚手架上和石墙（台基）上残留的碎渣、灰浆清扫干净，以免掉落伤人。作业区周围构件安装操作时产生的飞碴、落灰等垃圾应清理干净，做到工完场清。

（二）手持电动工具的安全使用要求

手持电动工具的使用应符合下列规定：

（1）使用刃具的机具，应保持刃磨锋利，完好无损，安装正确，牢固可靠。

（2）使用砂轮的机具，应检查砂轮与接盘间的软垫并安装稳固，螺帽不得过紧，凡受潮、变形、裂纹、破碎、磕边缺口或接触过油、碱类的砂轮均不得使用，并不得将受潮的砂轮片自行烘干使用。

（3）在潮湿地区或在金属构架、压力容器、管道等导电良好的场所作业时，必须使用双重绝缘或加强绝缘的电动工具。

（4）非金属壳体的电动机、电器，在存放和使用时不应受压、受潮，并不得接触汽油等溶剂。

（5）作业前的检查应符合下列要求：

1）外壳、手柄不出现裂缝、破损。

2）电缆软线及插头等完好无损，开关动作正常，保护接零连接正确牢固可靠。

3）各部防护罩齐全牢固，电气保护装置可靠。

（6）机具起动后，应空载运转，应检查并确认机具联动灵活无阻。作业时，加力应平稳，不得用力过猛。

（7）严禁超载使用，作业中应注意音响及温升，发现异常应立即停机检查。在作业时间过长、机具温升超过 60℃时，应停机，自然冷却后再进行作业。

（8）作业中不得用手触摸刃具、模具和砂轮，发现其有磨钝、破损情况时，应立即停机修整或更换，然后再继续进行作业。

（9）机具转动时，不得撒手不管，如果在转动时撒手，机具失去控制，会破坏工件，损坏机具，甚至伤害人身。

（10）使用冲击电钻或电锤时，应符合下列要求：

1）作业时应掌握电钻或电锤手柄，打孔时先将钻头抵在工作表面，然后开动，用力适度，避免晃动。转速若急剧下降，应减少用力，防止电机过载，严禁用木杠加压。

2）钻孔时，应注意避开混凝土中的钢筋。

3）电钻和电锤为 40％断续工作制，不得长时间连续使用。

4）作业孔径在 25mm 以上时，应有稳固的作业平台，周围应设护栏。

（11）使用切割机时应符合下列要求：

1）作业时应防止杂物、泥尘混入电动机内，并应随时观察机壳温度，当机壳温度过高及产生炭刷火花时，应立即停机检查处理。

2）切割过程中用力应均匀适当，推进刀片时不得用力过猛。当发生刀片卡死时，应立即停机，慢慢退出刀片，在重新对正后方可再切割。

（12）使用角向磨光机时应符合下列要求：

1）砂轮应选用增强纤维树脂型，其安全线速度不得小于80m/s。配用的电缆与插头应具有加强绝缘性能，并不得任意更换。

2）磨削作业时，应使砂轮与工件面保持 15°～30°的倾斜位置。切削作业时，砂轮不得倾斜，并不得横向摆动。

（三）施工现场安全须知

（1）进入施工现场应遵守工地的安全管理规定。

（2）进入施工现场，必须正确佩戴安全帽（系好下颌带，安全帽完好），不穿宽大服装、拖鞋等不安全装束。

（3）不进入吊装区域、垂直作业下方等危险区域，防止物体打击。

（4）注意过往车辆，防止车辆伤害。

（5）远离各种机械设备、电气线路，防止机械、电气伤害。

（6）进入基坑、屋面等临边处、各种洞口处，要精力集中，防止高处坠落。

（7）注意铁钉、钢筋等地面环境状况，防止扎、碰、挂及摔倒等其他伤害。

（8）施工现场的脚手架、防护设施、安全标志、警告牌、脚手架连接铅丝或连接件不得擅自拆除，需要拆除必须经过加固后经施工负责人同意。

（9）不可坐在脚手架防护栏杆上休息和在脚手架上睡觉。不可在现场追逐打闹。

（10）在平台、屋沿口操作时，面部要朝外，系好安全带。

（11）高处作业不要用力过猛，防止失去平衡而坠落。

（12）在平台等处使用撬棒要朝里，不要向外，防止人向外坠落。

（13）遇有暴雨、浓雾和六级以上的强风应停止室外作业。

（14）夜间施工必须要有充分的照明。

参 考 文 献

[1] 中国建筑史编写组. 中国建筑史(第二版)[M]. 北京：中国建筑工业出版社，1986.

[2] 寇方洲，罗琳，陈扶云等. 建筑制图与识图(第二版)[M]. 北京：中国建筑工业出版社，2012.

[3] 刘大可. 中国古建筑瓦石营法(第二版)[M]. 北京：中国建筑工业出版社，2015.

[4] 姚承祖. 营造法原[M]. 北京：中国建筑工业出版社，1986.

[5] 刘全义. 中国古建筑定额与预算[M]. 北京：中国建材工业出版社，2008.

[6] 彭圣浩. 建筑工程质量通病防治手册(第四版)[M]. 北京：中国建筑工业出版社，2014.

[7] 文化部文物保护科研所. 中国古建筑修缮技术[M]. 北京：中国建筑工业出版社，1983.